上海市工程建设规范

1:500　1:1 000　1:2 000
数字地形测绘标准

Surveying standard for 1:500　1:1 000　1:2 000 topographic maps

DG/TJ 08—86—2022

J 11696—2022

主编单位：上海市测绘院
批准部门：上海市住房和城乡建设管理委员会
施行日期：2022 年 6 月 1 日

同济大学出版社

2024　上海

图书在版编目(CIP)数据

1:500 1:1 000 1:2 000数字地形测绘标准 / 上海市
测绘院主编. —上海：同济大学出版社，2024.1

ISBN 978-7-5765-1020-1

Ⅰ.①1… Ⅱ.①上… Ⅲ.①数字地图－测绘－标准
－上海 Ⅳ.①P217-65

中国国家版本馆 CIP 数据核字(2024)第 003132 号

1:500 1:1 000 1:2 000数字地形测绘标准

上海市测绘院 主编

责任编辑 朱 勇

责任校对 徐春莲

封面设计 陈益平

出版发行 同济大学出版社   www. tongjipress. com. cn

　　　　　(地址：上海市四平路 1239 号 邮编：200092 电话：021 - 65985622)

经　销 全国各地新华书店

印　刷 浦江求真印务有限公司

开　本 889mm×1194mm 1/32

印　张 6.25

字　数 157 000

版　次 2024 年 1 月第 1 版

印　次 2024 年 1 月第 1 次印刷

书　号 ISBN 978-7-5765-1020-1

定　价 70.00 元

上海市住房和城乡建设管理委员会文件

沪建标定〔2022〕14 号

上海市住房和城乡建设管理委员会关于批准 《1∶500 1∶1 000 1∶2 000 数字地形测绘标准》 为上海市工程建设规范的通知

各有关单位：

由上海市测绘院主编的《1∶500 1∶1 000 1∶2 000 数字地形测绘标准》，经我委审核，现批准为上海市工程建设规范，统一编号为 DG/TJ 08—86—2022，自 2022 年 6 月 1 日起实施。原《1∶500 1∶1 000 1∶2 000 数字地形测量规范》DG/TJ 08—86—2010 同时废止。

本标准由上海市住房和城乡建设管理委员会负责管理，上海市测绘院负责解释。

上海市住房和城乡建设管理委员会

2022 年 1 月 5 日

前　言

根据上海市住房和城乡建设管理委员会《关于印发〈2019 年上海市工程建设规范、建筑标准设计编制计划〉的通知》(沪建标定〔2018〕753 号)的要求,由上海市测绘院会同有关单位,经深入调查研究,认真总结实际经验,结合有关国内标准和信息化测绘技术发展的需要,在广泛征求意见的基础上,对原规范进行了修订,形成新的《1∶500　1∶1 000　1∶2 000 数字地形测绘标准》。

本标准主要内容有:总则;术语;基本规定;图幅分幅与编号;控制测量;地形测绘;元数据;成果质量检查与验收;附录。

本次修订的主要内容是:

1. 标准名称修订为《1∶500　1∶1 000　1∶2 000 数字地形测绘标准》。

2. 第 2 章新增 3 个术语,修订了 1 个术语。

3. 第 3 章第 3.0.1 条中的"上海平面坐标系统"修改为"上海2000 坐标系"。

4. 原第 5 章"图根控制测量"修改为"控制测量",相应内容作了修订。

5. 在第 6 章中增加了"三维激光扫描测量""地形数据收集整合"两节内容,原"6.3 野外地形测量方法"修改为"6.3 全站仪、GNSS RTK 测量",相应内容作了修订。

6. 原第 8 章"成果的检查验收与提交"修订为"成果质量检查与验收",相应内容作了修订。

7. 附录 A 中部分符号更新了尺寸标注。

8. 修订了引用标准名录。

9. 增加了条文说明。

各单位及相关人员在执行本标准过程中,如有意见和建议,请反馈至上海市规划和自然资源局(地址:上海市北京西路99号;邮编:200003;E-mail:guihuaziyuanfagui@126.com),上海市测绘院(地址:上海市武宁路419号;邮编:200063;E-mail:zgssh@shsmi.cn),上海市建筑建材业市场管理总站(地址:上海市小木桥路683号;邮编:200032;E-mail:shgcbz@163.com),以供今后再次修订时参考。

主 编 单 位:上海市测绘院

参 编 单 位:上海市测绘产品质量监督检验站

上海市城市建设设计研究总院(集团)有限公司

主要起草人:赵　峰　张　麟　康　明　赵鹏飞　孙　悦

林木棵　姚顺福　杨常红　金　雯　陈功亮

尹玉廷　郭功举　舒　琪　徐　晖　陈四平

王传江　陈杭兴　丁　美　杨欢庆　余祖锋

陈洪胜　邬逢时　刘晓露　孙亚峰

主要审查人:佘安兴　刘　春　潘国荣　郭春生　罗永权

郭容寰　余美义

上海市建筑建材业市场管理总站

目　次

Contents

1 总　则

1.0.1　为规范本市 1∶500、1∶1 000、1∶2 000 数字地形测绘的技术要求,满足城市基础地理数据库的基本需要,制定本标准。

1.0.2　本标准适用于本市 1∶500、1∶1 000、1∶2 000 数字地形测绘和相关基础地理数据的更新、维护和应用等,其他数字地形测绘在条件相同时可按照本标准的要求执行。

1.0.3　本市数字地形测绘鼓励采用新技术、新工艺和新方法,但应满足本标准的成果质量基本要求。

1.0.4　本市 1∶500、1∶1 000、1∶2 000 数字地形测绘除应符合本标准外,尚应符合国家、行业和本市现行有关标准的规定。

2 术 语

2.0.1 单基站 RTK single station RTK

由一个基准站和流动站组成的,基于载波相位观测值的实时动态定位技术。

2.0.2 网络 RTK network RTK

由多个基准站和流动站组成的,基于载波相位观测值的实时动态定位技术。

2.0.3 分类代码 classification and code

根据共同特征的真实世界现象的分类和科学编码所形成的代码。

2.0.4 地形图缩编 map generalization

利用已有的地形图及有关资料,按照一定的规律和法则进行选取和概括,由较大比例尺地形图编制成较小比例尺地形图的过程。

2.0.5 立体测图法 stereo mapping

利用建立的立体影像模型进行线划图数据采集的方法。

2.0.6 数字综合法 digital photo-planimetric mapping

利用正射影像数据进行线划图数据采集的方法。

2.0.7 元数据 metadata

关于数据的内容、质量、状况和其他特性的描述性数据。

2.0.8 拓扑 topology

描述空间点、线、面之间的空间连接关系。

2.0.9 三维激光扫描 three-dimensional laser scanning

利用激光测距的原理,通过高速测量记录被测物体表面大量的密集点的三维坐标、反射率和纹理等信息。

2.0.10 CORS 系统　continuously operating reference station

由多个连续运行的 GNSS 基站及计算机网络、通信网络、软件系统等组成,用于提供不同精度、多种方式定位服务的信息系统。

2.0.11 SHCORS 系统　Shanghai continuously operating reference stations

由自然资源部批准,上海市规划和自然资源局负责管理,服务于上海市行政区域范围的 CORS 系统。

2.0.12 上海 2000 坐标系　Shanghai 2000 coordinate system

上海 2000 坐标系是基于 CGCS2000 椭球建立的相对独立平面坐标系,自 2021 年 1 月 1 日启用。

3 基本规定

3.0.1 上海市 1：500、1：1 000、1：2 000 数字地形测绘的定位基准应采用上海 2000 坐标系和吴淞高程系。

3.0.2 测绘工作开始前，应根据任务要求，收集和分析有关测绘资料，进行必要的实地踏勘，制订合理的技术方案；在施测过程中应加强过程质量控制；工作结束后，编写技术总结，及时组织成果检查验收；成果验收合格后，做好资料整理和归档工作。

3.0.3 进行控制测量时，等级平面控制、高程控制测量应按照现行行业标准《城市测量规范》CJJ/T 8 和《卫星定位城市测量技术标准》CJJ/T 73 的规定执行。

3.0.4 所使用的测量仪器应按规定进行检定或校准，计算机和软件系统应规范使用。

3.0.5 本标准以中误差作为衡量精度的指标，2 倍中误差作为极限误差。

4 图幅分幅与编号

4.0.1 上海 2000 坐标系分为四个象限：东北象限为第一象限（Ⅰ）、东南象限为第二象限（Ⅱ）、西南象限为第三象限（Ⅲ）、西北象限为第四象限（Ⅳ）。

第一象限：X 坐标值为正、Y 坐标值为正；

第二象限：X 坐标值为负、Y 坐标值为正；

第三象限：X 坐标值为负、Y 坐标值为负；

第四象限：X 坐标值为正、Y 坐标值为负。

4.0.2 地形图图幅编号、标识及数据文件命名应符合下列规定：

1 图幅编号以 1：500 地形图为基础，应由坐标原点沿 X 轴向北和向南，每隔 200 m 间隔依次用自然数递加编号，应由坐标原点沿 Y 轴向东和向西，每隔 250 m 间隔依次用自然数递加编号。对于任一幅 1：500 地形图使用Ⅰ、Ⅱ、Ⅲ、Ⅳ象限标识、纵向编号、斜线、横向编号表示。

2 一幅 1：1 000 和 1：2 000 地形图分别由 2×2 和 4×4 幅 1：500 地形图组成，1：1 000、1：2 000 地形图的标识应用象限标识、2 幅和 4 幅 1：500 地形图的纵横向起讫编号组成，纵向起讫编号和横向起讫编号之间用斜线分割，纵横向起讫编号之间用"–"连接。

3 地形图的数据文件名前缀应采用 8 位数字和字符等组成，由首字符、三位数字纵向编号、"_"、三位数字横向编号构成，首字符应符合表 4.0.2 规定，编号不足三位的以零填补全。

表 4.0.2　不同比例尺图幅象限标识与文件名首字符

比例尺	第一象限	第二象限	第三象限	第四象限
	I	II	III	IV
1∶500	A	B	C	D
1∶1 000	E	F	G	H
1∶2 000	I	J	K	L

5 控制测量

5.1 一般规定

5.1.1 地形控制测量应采用分级布设,最低精度应不低于图根控制,高于图根控制要求的应按本标准第3.0.3条执行。

5.1.2 图根控制点宜利用SHCORS布设,也可在城市等级控制点下加密。图根点宜采用固定标志。

5.1.3 采用全站仪、地面三维激光扫描进行碎部点采集时,图根控制点的密度应根据测图比例尺和地形条件而定,平坦开阔地区不宜小于表5.1.3的规定。

表5.1.3 平坦开阔地区图根点密度

测图比例尺	1:500	1:1000	1:2000
图根点密度(点数/km^2)	≥64	≥16	≥4

注:地形复杂、隐蔽区及城市建筑区应以满足测图需要为原则,适当加大密度。

5.2 图根平面控制测量

5.2.1 图根平面控制点相对于邻近等级控制点的点位中误差小于等于5cm,宜采用导线、静态GNSS、GNSS RTK等方法测定。

5.2.2 图根导线测量应符合下列规定:

1 图根导线宜布设成附合导线、闭合导线或结点导线网。

2 导线的形状不应层层环套和交叉重选,同级可附合1次。

3 图根导线测量的技术要求应符合表5.2.2的规定。

表 5.2.2　图根导线测量的技术指标

比例尺	附合导线长度(m)	平均边长(m)	导线相对闭合差	测回数	方位角闭合差(″)	测距 仪器类别	测距 方法与测回数
1∶500	900	80	≤1/4 000	1	±40$\sqrt{n}$	Ⅱ级	单程观测 1
1∶1 000	1 800	150					
1∶2 000	3 000	250					

注:1. n 为测站数。

2. Ⅱ级测距仪每千米测距中误差 m_D 应满足:m_D≤10 mm。

　　1)当图根导线的长度短于 300 m 时,导线绝对闭合差不得超过±15 cm。

　　2)图根导线边数不得超过 12 条。

　　4　在个别困难地区可布设支导线,支导线总长应小于450 m,边数不得超过 4 条。角度应测左、右角各 1 测回,测站归零差应小于±40″;边长应往返观测,边长观测往返较差应小于测距仪标称精度的 2 倍,当支导线的点数在 2 点以下(包括 2 点)时,边长可不往返观测。

　　5　水平角测量应采用方向观测法,观测的数据可采用验证合格的电子手簿记录。

　　6　图根导线的坐标计算可采用近似平差计算方法,计算有效位数取至毫米。

5.2.3　图根 GNSS 静态控制测量应符合下列规定:

　　1　采用静态 GNSS 测量图根平面控制,作业要求可按照现行行业标准《卫星定位城市测量技术标准》CJJ/T 73 中二级GNSS 静态测量的规定执行。

　　2　图根 GNSS 静态观测与计算应符合下列规定:

　　1)GNSS 网可采用多边形环、附合路线和插点等形式。

　　2)GNSS 外业观测应采用标称精度不低于(10 mm＋5 ppm·d)的 GNSS 接收机。

3）在观测开始前和结束时应准确测量天线高,并正确记录在仪器或观测手簿中。观测手簿中应正确记录测站点名、作业人员、观测日期、时段号和同步观测点名、开始和结束观测时间(北京时间)、天线高、仪器号和异常情况等。

4）基线解算应得到双差固定解后才合格。

5）精度要求:

a) $$m = \pm\sqrt{20^2 + (20 \times d)^2} \quad (5.2.3-1)$$

b) 重复边限差

$$W_重 \leqslant 2\sqrt{2} \times m \quad (5.2.3-2)$$

c) 同步环全长相对闭合差

$$W_同 / L \leqslant 20 \times 10^{-6} \quad (5.2.3-3)$$

d) 异步环闭合差限差

$$W_异 \leqslant 2\sqrt{3n} \times m \quad (5.2.3-4)$$

式中:m——基线长度中误差(mm);

n——闭合环边数;

L——同步环长度(km);

d——基线平均边长(km)。

5.2.4 GNSS RTK 测量可采用单基站 RTK 或网络 RTK 的方法,优先采用网络 RTK 法,并在网络有效服务区内作业。GNSS RTK 测量应符合下列规定:

1 GNSS RTK 布设图根控制点时,高度角 $15°$ 以上的卫星不应少于 5 颗,PDOP 值应小于 6,并且持续显示固定解。

2 GNSS RTK 测量应持续显示固定解后开始观测,每点均应独立初始化 2 次,每次采集 2 组,每组采集的时间不少于 $10~s$,4 组数据的平面点位较差小于 $2~cm$ 时取平均值。

3 单基站 GNSS RTK 测量应符合下列规定：

　　1）采用单基站 GNSS RTK 测量时，基准站应选择在观测条件好、距离测区近的地方。起算点应选用二级（含）以上高等级控制点。

　　2）使用不同等级的控制点其作业半径应满足下列要求：使用二等点应小于等于 6 km；使用三等或四等点应小于等于 4 km；使用一级或二级点应小于等于 2 km。

　　3）作业前应使用同等级（或以上）的不同控制点进行校核，点位误差不应大于 5 cm。

　　4）每项工程应使用不少于 3 个已知点作为基准点。

4　对所测的成果应有不少于 10％且不少于 3 点外业重复抽样检查，且应在收测时或隔日进行。重复抽样采集与初次采集点位之差应小于 3 cm，检测附近基本控制点的点位误差应小于5 cm；当检测误差超过上述规定时，应重新测量和检测。

5　GNSS RTK 图根控制点利用时，应采用全站仪对相邻点边长和角度进行检测，检测技术要求应满足表 5.2.4 的规定。

表 5.2.4　GNSS RTK 图根控制点检测技术要求

边长校核		角度检核	
测距中误差 （mm）	边长较差的 相对中误差	测角中误差 （″）	角度较差限差 （″）
≤±20	1/3 000	≤20	≤60

5.3　图根高程控制测量

5.3.1　数字地形测量高程控制点的精度应不低于图根级水准的要求，宜采用水准测量、三角高程或 GNSS 高程测量方法测定。

5.3.2　图根水准测量应符合下列规定：

1 图根水准测量宜在等级水准点下加密,当等级水准点密度不足时,应先进行等级水准加密,再布设图根水准。等级水准测量技术要求应按照现行行业标准《城市测量规范》CJJ/T 8 的规定执行。图根水准同级附合不应超过 2 次。

2 图根水准高程起算点的已知高程点应成对使用。图根水准可沿图根导线点布设为附合路线,闭合环或结点网。对于起闭于一个水准点的闭合环,应先行检测该点高程的正确性。

3 高级点间附合路线或闭合环线长度不应大于 8 km,结点间路线长度不应大于 6 km。当条件困难时,可布设图根水准支线,图根支线长度不应大于 4 km,且必须往返观测。

4 图根水准测量主要技术要求应符合表 5.3.2-1 的规定。

表 5.3.2-1　图根水准测量主要技术要求

路线长度 (km)	每千米高差中误差(mm)	水准尺	观测次数		闭合差或往返互差	
			支线	附合路线	平地(mm)	山地(mm)
8	±20	双面	往返	单程	$±40\sqrt{L}$	$±12\sqrt{n}$

注:1. L 为水准线路的总长(km)。

　　2. n 为测站数。

5 在测区外业开始测量前,应对水准仪做下列项目检验:

　　1)水准仪 i 角的检验和校正。在观测期间宜每周进行 1 次,i 角的绝对值应小于 $30''$。

　　2)自动安平水准仪的补偿范围和补偿误差。

6 图根水准测量外业观测技术要求应符合表 5.3.2-2 的规定。

表 5.3.2-2　图根水准观测技术要求

仪器类型	视线长度 (m)	红黑面读数差 (mm)	红黑面高差之差 (mm)
DS_3 及以上	≤100	≤3	≤5

7 图根水准可简单配赋,计算有效位数取至毫米。

5.3.3 图根三角高程测量应符合下列规定：

1 图根三角高程测量路线应起讫于等级不低于四等的水准点上，路线中各边应对向观测，图根三角高程路线可同级附合1次。

2 图根三角高程测量应符合表5.3.3的规定。

表 5.3.3　图根三角高程测量的主要技术要求

路线边数	仪器类型		角度观测	距离观测	指标差互差(″)	垂直角互差(″)	对向观测高差互差(mm)	三角高程路线闭合差(mm)
	测角	测距						
25	DJ$_6$	Ⅱ级	对向观测1	单程观测1	25	25	100×S	$\pm 40\sqrt{L}$

注：1. S 为对向观测边长(km)。
　　2. L 为三角高程路线总长(km)。

3 图根三角高程测量时，应在观测前后准确丈量仪器高和棱镜高，两次丈量的较差应小于5mm，满足条件时应取平均值。

4 当边长大于400m时，应考虑地球曲率和折光差的影响。计算三角高程时，角度应取至秒，高差应取至毫米。

5.3.4 GNSS高程测量技术要求应符合表5.3.4-1的规定。

表 5.3.4-1　GNSS 高程测量技术要求

等级	相邻点间距(m)	大地高较差(cm)	起算点等级	单基站测量距离(km)	初始化次数	一次初始化读数次数
图根	≥100	≤3	四等及以上	≤10	≥4	≥2

注：网络RTK测量可不受起算点等级及测量距离的限制。

1 GNSS图根高程测量应在同等级（或以上）的控制点上校核，其正常高的较差应不大于5cm；网络RTK采用似大地水准面模型获取正常高时，可不进行已知点的校核。

2 GNSS图根高程测量应在持续显示固定解后开始观测，每点均应独立初始化4次，每次采集2组，每组采集的时间不少于 10 s,8 组数据的大地高较差小于 3 cm 时可取其平均值作为最终的测量成果。

3 GNSS 图根高程测量在同一测区布点不应少于 3 点,对所测的成果应有不少于 10% 的重复抽样检查,且检查点数不应少于 3 点;重复抽样检查应在收测时或隔日进行,且应重新进行独立初始化,重复抽样采集与初次采集大地高较差应小于 5 cm。

4 GNSS 图根高程控制点使用时应进行相邻点高差检核,检核方法可采用几何水准或测距三角高程等方法。检核较差应符合表 5.3.4-2 的规定。

表 5.3.4-2 GNSS 高程测量检核较差

等级	检核较差(mm)
图根	$\pm 40\sqrt{L}$

注:L 为水准检测线路长度,以 km 为单位;小于 0.5 km,按 0.5 km 计。

6 地形测绘

6.1 一般规定

6.1.1 地形测绘可采用全站仪、GNSS RTK 测量、三维激光扫描测量、航空摄影测量、地形数据收集整合和数字地形图缩编等方法。

6.1.2 采用全站仪、GNSS RTK 测量、三维激光扫描测量的精度要求应符合下列规定：

1 地物点相对于邻近野外控制点的图上平面位置中误差不应大于表 6.1.2 的规定。特殊困难地区，如大面积的森林、沼泽、海岛等，平面位置中误差按表 6.1.2 放宽 0.5 倍。最大误差为中误差的 2 倍。

表 6.1.2 图上平面精度(mm)

比例尺	地物点平面位置中误差
1：500	0.2
1：1 000	0.4
1：2 000	0.6

2 高程注记点对于附近野外控制点的高程中误差,在稳固坚实地面不应大于±5 cm,其他地面不应大于±10 cm。

6.1.3 采用其他测量方法的精度要求按照相应规定执行。

6.1.4 地形要素的点、线和注记等符号表示应按照本标准附录 A 的要求执行。

1 点符号应符合下列要求：

1）点符号为不依比例尺符号,地物依比例尺缩小后,其长度和宽度不能依比例尺表示。

2）有向点符号按真方向绘制,其他点符号应朝正北方向绘制。

3）定位点在图内而符号出图廓时,应保持符号的完整。

2 线符号应符合下列要求:

1）线符号为半依比例尺符号,地物依比例尺缩小后,其长度能依比例尺而宽度不能依比例尺表示。

2）线符号被点符号、注记压盖时,宜保持点符号、注记的完整。

3）线符号的特征线在图内,辅助图形出图廓时应裁除图廓外的辅助图形。

4）同类地物要素边线重合应按主次取舍,不同类别地物要素边线重合应分别表示。

3 面符号应符合下列要求:

1）面符号为依比例尺符号,地物依比例尺缩小后,其长度和宽度都能依比例尺表示。

2）面符号应闭合。

3）面符号被点符号、线符号、注记压盖时,宜保持点符号、线符号、注记的完整。

6.1.5 地形图接边应按下列要求执行:

1 每幅图应由测图者负责拼接图廓的东、南两边。

2 地形图接边较差不应大于平面、高程中误差的 $2\sqrt{2}$ 倍,符合限差时可平均配赋,但应保持地形相互位置和走向的准确性,超过限差时应外业检测后再接边,不接边部分应注明。

3 接边时应保持数据一致性、图形完整性。

4 测区的接边应符合下列规定:

1）测区四周是已测区域的,均应与邻区图幅进行拼接。

2）接边时如发现邻区图幅有错误、遗漏或地形有变动时,应进行修正,线状地物(如道路、沟渠、电力线、通信线

等)应测到交叉点、转折点或与其他地形相关处。当地
物过长施测困难或无位置得以终止的,应测至邻幅图廓
线内 4 cm～5 cm 开口中断,并注明原因。

6.1.6 提交的成果资料应包括下列内容:

1 回放图。

2 原始观测和计算资料。

3 地形图形数据文件和元数据文件。

4 技术设计书、质量检查报告和技术总结。

6.2 地形图测绘内容

6.2.1 地形图测绘内容应包括测量控制点、居民地及设施、交
通、管线、水系、境界、地貌、植被与土质、注记等要素。

6.2.2 测量控制点应符合下列规定:

1 等级三角点、埋石等级导线点、卫星定位等级点等应输入
坐标值绘示,并按图式符号表示,可只注记等级和点号,不注
点名。

2 水准点可只注记点号,不注等级、点名和高程。

3 有标架的平面控制点当其标架面积在图上大于控制点符
号时,应实测标架外架位置,虚线连线,中置控制点符号。屋顶上
的标架可免测。

6.2.3 居民地及设施应符合下列规定:

1 建筑物应符合下列规定:

1) 固定建筑物应实测其墙基外角,并注明结构和层次,房
屋中的符号、注记配置应绘在该地物的适中位置。

2) 建筑物的结构应从主体部分来判断,其附属部分不应作
为判别对象。建筑物的结构划分和表示方法应按
表 6.2.3 执行。

表 6.2.3　建筑物的结构划分和表示方法

结构名称	表示方法
钢筋混凝土结构	注"砼"
混合结构	注"混"
砖(石)木结构	只注层次,不注结构
木、竹结构	简屋图式表示
土坯、秫秸结构	简屋图式表示

3) 建筑物的楼层数应以主楼为准,假半层(夹层)不计,工厂车间中间无楼板的,应以 1 层计。同一结构不同层次应区分表示,难以区分的可依其主要的或大部分的层数注记,零星局部不易划分或划分后难以注记的可并入主体;应区分不同层数、不同结构性质的房屋;楼层数的注记,1∶500 应从 1 层起注,1∶1 000 和 1∶2 000 应从 2 层起注。

4) 建筑物楼层数在 8 层(含 8 层)以上应实测高度。建筑物高度包括建筑物主体最高处到地平面的垂直距离、建筑物主体顶端各种设备间或水箱到地平面的垂直距离和建筑物主体顶端各种天线、避雷针或旗杆最高处到地平面的垂直距离。

5) 建筑物上的门牌号应全部采集,临时门牌号可不采集,门牌号宜标注在门栋进口处。

6) 农村(包括农场)饲养场的房屋建筑可按相应的符号表示,有明确范围的应加注记说明。

2 建筑物附属设施应符合下列规定:

1) 廊、建筑物下的通道、台阶、室外楼梯、院门、门墩和支柱(架)、墩应按实测绘,并按图式符号表示。

2) 台阶的长度在图上小于 6.0 mm 或宽度在图上小于 4.0 mm 的可免测。

3）天井面积在 1：500 测图小于 10 m²、1：1 000 测图小于 20 m²、1：2 000 测图小于 50 m² 时可免测。1：1 000、1：2 000 测图时应注记"天井"。

3 建筑物凹凸的取舍：房屋墩、柱的凸出部分在图上大于 0.4 mm（简屋大于 0.6 mm）的均应逐个如实测绘，否则以墙基外角为主综合取舍。

4 简屋及棚的取舍应符合下列规定：

1）结构较好，以及位于海滩、海岛等建筑物稀少地区的应测出，并以"简""棚"注记。依附在正规建筑物上零星搭建的、农村宅基地内不住人的、面积不足 10 m² 的可免测。一般结构的，面积在 1：500 测图小于 10 m²、1：1 000 测图小于 20 m²、1：2 000 测图小于 50 m² 的可免测。

2）临时性的活动房屋、施工单位搭建的临时工棚（房）及材料棚等可免测。

3）搭建在城市道路旁正规人行道或路面上的棚房可免测。

4）度假村中蒙古包式的建筑可按蒙古包测绘，不注月份。

5 垣栅应符合下列规定：

1）围墙：1：500、1：1 000 测图时，围墙在图上宽度小于 0.5 mm 的可放宽至 0.5 mm 表示，图上宽度大于 0.5 mm 的应依比例尺绘示；1：2 000 测图时，应按不依比例尺符号绘示。测绘围墙时一般实测外围并应保持主干线连续完整，绘图时以相应线型表示。

2）起境界作用的栅栏、栏杆、篱笆、活树篱笆、铁丝网等应测绘，有基座的应实测外围。隔离道路或保护绿化的可免测。测量时应保持主干线连续完整，绘图时以相应线型表示。

6 工矿建（构）筑物及其他设施应符合下列规定：

1）矿山开采、地质勘探设施应按实测绘，图式绘示。汽车检修槽可按图式"探槽"符号绘示,并注记"车"字;高出地面的汽车检修台,如两端均可通车,则应测绘两侧边线并任选前后一端实线绘示,另一端开口,注记"车"字;如一端可通车,则测绘两侧边线和封闭端,另一端开口,注记"车"字。

2）起重机、烟囱、水塔、露天设备、吊车、漏斗、传送带、滑槽应按实测绘。落地烟囱应实测底脚,中置符号;周围被建(构)筑物包围的烟囱,应实测中心,符号绘示,简陋或过小的可免测;过于复杂而密集成群的设施,可仅测绘其范围,并注记其名称或以设备符号表示。

3）粮仓、水车、水轮泵、抽水机站、打谷场、温室、菜窖、花房、贮水池、积肥池等应按实测绘。农田里的塑料大棚可不表示。

4）气象站、雷达站、卫星地面站、环保监测站、水文站、露天体育场、游泳池等应按实测绘。人行道上、依附在房屋、围墙等建筑物上或图上宽度小于 10 mm 的宣传橱窗、广告牌可免测。

5）喷水池、假石山、垃圾台、岗亭、岗楼、无线电杆(塔)、电视发射塔、避雷针等应按实测绘。车站、码头、广场、大型桥梁、机场、公园及街心花园等大型的照明装置和机场的导航灯均应测绘。机场导航灯可用照射灯符号表示。

6）纪念碑、塑像、旗杆、彩门、牌坊、牌楼、亭等应按实测绘,连排的旗杆,应实测两端的旗杆,中间的可取舍绘示。各种横跨道路的广告牌、新村村名牌等可免测。

7）钟楼、鼓楼、城楼、旧碉堡、宝塔、经塔、庙宇、土地庙、教堂、清真寺、经堆等应按实测绘。

8）过街天桥、过街地道、地下建筑物的地表出入口、地磅、露天货栈、窑、坟地、厕所等应按实测绘。堆式窑应实测底脚范围,并以点线绘示。

9) 体育场应以实线绘示,球场以虚线绘示并内注"球"字。

10) 漏斗只绘制外框,中间标注"漏斗"。

11) 凡独立的、范围大的学校、医疗点、庙宇等用名称注记表示,范围小的可免注。

6.2.4 交通及附属设施应符合下列规定:

1 铁路和其他轨道应符合下列规定:

1) 铁路、电车轨道、轻轨线路、磁浮铁轨、地铁等应按实测绘,架空索道应实测铁塔位置。

2) 高架轨道应实测路边线的投影位置和墩柱,地面上的轨道及岔道应实测,架空的轨道可沿路线走向配置绘示,但应与地面轨道衔接平顺,轨道需保持连续,其中位于车站内部的轨道需做消隐处理;架空的岔道可免测,公园里的较大型轨道娱乐设施按窄轨铁路表示。

2 火车站及附属设施。站台、地道、天桥、岔道、转盘、车挡、信号设备、水鹤等应按实测绘。站台、雨棚应实测范围,符号绘示,坡脚线可不测绘。轨道交通、地道出入口应按实测绘,可根据不同测图需要选择测绘地下通道的实际位置。

3 高速公路、国道、省道、县道、乡道及其他公路等应按其宽度测绘,并注记公路技术等级代码,高速公路和国道应注记路线编号。1∶500、1∶1 000测图城市道路和马路岛的边线应以虚线绘示。

4 高架路的路面宽度及其走向应按实际投影测绘,实线绘示。露天的支柱应用实线绘示;路面下的支柱按比例尺测绘的以虚线表示,不按比例尺测绘的可符号表示;如底部形状为圆角矩形则表示为不依比例尺的黑块。直线部分支柱密集的可按5 cm左右的间距取舍。

5 其他道路应符合下列规定:

1) 机耕路应按其实际宽度依比例尺测绘,如实地宽度变化频繁,可取其中等宽度绘成平行线。

2）乡村路应按其实际宽度依比例尺测绘。乡村路中通过宅村仍继续通往别处的,其在宅村中间的路段应尽量测出,以求贯通,不使中断。

3）小路应实测中心位置,单线绘示。

4）内部道路,除居民小区中简陋、不足 2 m 宽和通向房屋建筑的支路可免测外,其余均应测绘。

5）大堤上能通行的道路需按相应道路等级绘示。

6　道路附属设施应符合下列规定:

1）路堑、路堤、坡度表、挡土墙应按实测绘;铁路、公路上长度在图上小于 5 mm 的路堤、路堑不表示;机耕路、乡村路上长度在图上小于 10 mm 的路堤、路堑不表示。路标应按实测绘,双柱的路标应实测中间的位置;里程碑应实测位置,并注记里程。

2）郊区的汽车停车站应按实测绘,点位在站牌处;简、小的候车棚可按相应的符号表示,并免予注记。

3）加油站应按实测绘,加油站的雨罩、柱头应按实测绘,遮棚应测投影位置,虚线绘示,中置符号。无雨罩的加油站,应实测加油柜,中置符号。

4）铁路平交道口应按实测绘,保持道路构面数据连续完整,其他道路边线应在铁路处中断。

7　桥梁应符合下列规定:

1）公路桥、铁路桥的桥头、桥身应按实测绘,并注记建筑结构;水中的桥墩可不测绘。漫水桥、浮桥应加注"漫""浮"等字。桥面上的人行道、图上宽度大于 1 mm 的应表示。

2）人行桥、级面桥,在图上宽度大于 1 mm 的应依比例尺表示,否则可按不依比例尺表示。

8　渡口和码头应符合下列规定:

1）渡口应区分行人渡口或车辆渡口，分别标注"人渡"或"车渡"，同时绘示航线，有名称的应加注名称。

2）固定码头、浮码头，码头轮廓线应实测，按其建筑形式以相应的符号绘示，有名称的应加注名称。

6.2.5 管线及附属设施应符合下列规定：

1 电力线应符合下列规定：

1）高压线应实测杆位，单线连接，制图表示时以双箭头符号表示。成组的高压电杆应实测杆位，中间以实线连接；进房入室的方向线可不表示；线路入地口位置应实测，符号方向垂直连线方向绘示。

2）低压线应实测杆位，单线连接，制图表示时以单箭头符号表示。街道、郊区集镇、棚户区等内部主要干道上的低压线应全部测绘，在小巷内的分支可免测；单位及居民地内部的低压线可不表示；郊外农田及地物稀少地区，正规的低压线应测绘，仅有 3 根电杆的分支线路可免测；临时性的均免测。1∶2 000 测图低压线路的起讫点、折点、交叉点应按实测绘，直线部分可按图上5 cm～7 cm 取舍测绘。进房入室的方向线可不表示；线路入地口位置应实测，符号方向垂直连线方向绘示。

3）电杆、电线架应实测位置，不分建筑材料、断面形状，用同一符号表示。电杆之间可连线；多种电线在一个杆柱上时，可只表示主要的。

4）电线塔应依实际形状表示，实测电线塔底脚的外角。1∶2 000 测图，电线塔大于符号的应依实测绘；小于符号的应实测中心位置，并按不依比例尺符号绘示。

5）电线杆上的变压器应按实际位置及方向以符号绘示，支柱可不表示。

2 通信线应符合下列规定：

1）集束的、长期固定的通信线均应实测杆位，单线连接，制图表示时以图式符号绘示。

    2）进房入室的方向线可不表示。线路入地口位置应实测，符号方向垂直连线方向绘示。

  3 管道应符合下列规定：

    1）架空或地面上的管道应按实测绘。管道的使用性质宜注明，不明性质者可不注记。多管并列者，可只注主要的；临时性的吹泥管不测绘。

    2）架空管道的支柱尺寸在图上大于 $1.0\,\text{mm} \times 1.0\,\text{mm}$ 的应依比例尺测绘，否则可按不依比例尺符号绘示，符号为 $1.0\,\text{mm} \times 1.0\,\text{mm}$ 的黑块。单柱架空管道管线从支柱中心通过；双柱和四柱架空管道支柱之间用实线连接，管线在支柱连线中央通过，不依比例尺的应逐个绘示支柱符号，有重迭的，可在双柱或四柱的中心绘示单个支柱符号，符号为 $2.0\,\text{mm} \times 2.0\,\text{mm}$ 的黑块，管线从中心通过。1：2 000 测图应按不依比例尺符号表示。

  4 地下检修井应实测井盖中心位置，井框可不测绘（地下管线测量除外），并按类别用相应符号表示。工矿、机关、学校等单位内的检修井，应测出进单位的第一只井位，内部的可免测。1：2 000 测图地下检修井可免测。

  5 管道附属设施应符合下列规定：

    1）污水篦子应按实测绘，工厂、单位内部的可免测；1：2 000 测图污水篦子可免测。

    2）地上或地下的消火栓均应测绘，工厂、单位内部的可免测；1：2 000 测图消火栓可免测。

    3）各种有砌框的地下管线的阀门均应测绘，当阀门池在图上大于符号尺寸时，应依比例尺表示，内绘阀门符号；小的开关、水表等可免测；1：2 000 测图阀门可免测。

6.2.6 水系及附属设施应符合下列规定：

  1 岸线、水涯线、潮流向应符合下列规定：

1) 江、河、湖等的岸线均应测绘,宜测在大堤(包括固定种植的滩地)与斜坡(或陡坎)相交处的边沿。

2) 东海、杭州湾和长江应测绘水涯线,水涯线用滩地高程为 3 m 的点连线表示,岸线与水涯线之间应加绘斜坡(或陡坎)符号。其他水域可免绘水涯线;水涯线应绘示完整;当水涯线穿过双线桥梁时,其位于桥面下的水涯线不能断开,需做消隐处理。

3) 除长江、黄浦江、吴淞江、蕰藻浜应表示潮流向外,其他河流可不表示。

2 江、河、湖、海:湖泊、水库、池塘等应实测岸线。河流、池塘应分类测绘。将狭长的、相互贯通连续分布的界定为河流,将相对独立或呈几何图形分布的界定为池塘。当塘的形状和房屋不易区分时加注"塘"字。

3 沟渠应符合下列规定:

1) 渠道应实测外肩线,其宽度在图上大于 1 mm(1:2 000 图上大于 0.5 mm)的应双线表示,否则应实测渠道中心位置用单线表示。如堤顶宽度大于 2 m 的,应加绘内肩线,渠道外侧应绘示陡坡或斜坡符号。图上水涯线宽度在 0.5 mm(含)以下的双线沟渠用单线沟渠表示,长度短于 20 mm 的单线沟渠可酌情取舍。渠道应在适中位置按朝东或南或光线法则加绘流向,流向只是符号,不表示真实流向。

2) 水沟应实测岸线,每一侧用单线绘示。水沟的宽度及深度均不满 1 m 的可免测;如宽度或深度达 1 m 且长度达 100 m 的应测出,大部分达到应测标准的仍应全部测出,不应间断。公路两旁的排水沟,应按上述标准取舍。对 1:2 000 测图,水沟宽度小于 2 m 时,应以单线表示。水沟应在适中位置按朝东或南或光线法则加绘流向,流向只是符号,不表示真实流向。

3）地下灌渠可只测绘出水口,地下走向可不表示(地下管线测量除外)。

4 其他水利设施应符合下列规定:

1）水闸,其宽度在图上大于 4 mm 的应按依比例尺测绘,否则可按不依比例尺测绘,以图式符号绘示,符号中的尖角指向主要进水方向。水闸的孔数及水底高程可不测绘;水闸注专名的,可不绘水闸符号;当符号与房屋建筑有矛盾时,可省略符号,注"闸"字。

2）防波堤应按实测绘,符号绘示。

3）防洪墙应按实宽测绘,双线绘示,当图上宽度小于 0.5 mm 时,可放宽至 0.5 mm,定位线为靠陆地一侧边线。河流边沿人工修筑的墙体构筑物,可用防洪墙符号表示,墙体上的栅栏、栏杆可不表示。

4）若双线堤的内侧线与同侧的渠边线间距小于 1.5 mm 则以堤的外侧线为准绘成单层堤;当双线堤的内侧与同侧的渠边线间距大于 1.5 mm(含),但堤顶间距小于 0.5 mm 时,则用坎符号表示。

5）土堤顶宽在图上大于 1 mm 时,堤顶宽依比例尺表示,小于 1 mm 放宽至 1 mm 宽度绘出。堤顶宽在图上小于 0.5 mm(含)且坡脚不按比例尺表示的土堤以坎符号表示。

6）江堤海塘边的里程牌应按实测绘,并注记里程。

7）输水槽其槽宽在图上小于 1 mm 时,可放宽至 1 mm 绘示;槽宽在图上小于 2 mm 时,槽中的渠线可免绘;两端无明渠的输水槽应绘流向符号。图式符号中的黑块代表支柱或支架,可不表示。

8）倒吸虹进出口应按实际情况测绘。

5 其他陆地水系要素应符合下列规定:

1）水井可选居民地外围主要的水井测绘,土井或废弃的水

井以及房子内的机井可免测。水井的高程、深度不测
注,水质可不调查、不注记。

2）陡岸应根据土质或石质按相应的图式符号表示。有滩
陡岸其河滩宽度在图上大于 3 mm 时,应填绘相应的土
质符号。

6.2.7 境界的测绘,1∶500、1∶1 000、1∶2 000 测图时,行政区
域界线可不表示。

6.2.8 地貌应符合下列规定:

1 等高线、等高线注记、示坡线应符合下列规定:

1）等高线,比高在 5 m 以上的山丘应测绘等高线,其他可
不绘等高线;垃圾山、垃圾堆可不绘等高线。

2）1∶500、1∶1 000 成图基本等高距应为 0.5 m,
1∶2 000 成图基本等高距应为 1.0 m。

3）等高线可由数字测图软件根据野外采集的地形特征点
高程自动生成。

4）等高线高程的注记,每一计曲线应注明高程数字;在地
势平缓、等高线较稀时,每一曲线均应注明高程数字,字
头朝向高处,选择注记位置时应尽量避免注记的数字成
倒置形状。在最高处应绘制示坡线。等高线高程注记
一般注在计曲线上,必要时首曲线也可注记,山顶应有
高程点及高程注记。等高线遇到房屋、双线道路、路堤、
路堑、坑穴、陡坎、湖泊、双线河以及注记等均应中断。

2 高程点及注记应符合下列规定:

1）高程点的间距,在平坦地区的高程散点其间距在图上
5 cm～7 cm 为宜,滩地可适当放宽,或以断面形式代
替,断面间以 10 cm 为宜。如遇地势起伏变化,应予适
当加密。

2）居民地高程点的布设,在建成区街坊内部空地及广场内
的高程,应设在该地块内能代表一般地面的适中部位。

如空地范围较大,应按规定间距布设;如地势有高低,应分别测注高程点。

3) 郊区农田高程点的布设,在倾斜起伏的旱地上,应设在高低变化处及制高部位的地面上;在平坦田块上,应选择有代表性的位置测定其高程。

4) 方格网高程的点位布设,如有特殊需要测设方格网高程时,方格网间距可按具体要求决定。方格点高程应设在有代表性的部位,如个别方格点设在小面积非代表性的特高或特低处,如水沟、散坟、田埂、小路及斜坡,应适当移动其点位,以其旁边有代表性的地面高程测注;如在耕地内,其测设原则应符合本条第 2 款的规定。

5) 高低显著的地貌,如高地、土堆、洼坑及高低田坎等,其高差在 0.5 m 以上者,均应在高处及低处分别测注高程。土堆顶部如呈隆起形者,除应在最高处测注高程外,还应在其顶周围适当布设若干高程点。

6) 铁路的高程,除特定要求外,宜测其轨顶高程,弯道处测在内侧轨顶上。路基高程应设在路基面上,除高低变化处外,可按规定间距分别在铁轨两侧交错布设。有路堤的坡脚,高程应测在堤顶的旁侧。高架轨道的高程可免测。

7) 道路高程的测绘,郊区公路、市政道路、街道、里弄、新村及机关、工厂等单位内部干道上的高程点,应测在道路中心的路面上。有路堤的应符合本条第 10 款的测设高程规定。高架道路的高程可免测。

8) 桥梁、水闸的高程,通航及车行桥应在桥顶中部测定高程,如桥顶高于两端路面的,还应测定桥堍高程;水闸及坝的高程,应测在其顶部。

9) 渠道高程,应在堤顶和堤脚配对测定高程。

10) 土堤高程,宜测在堤面中心,但如堤面横断面中有高低不同者,高程点应设在较高处有代表性的堤面上。坡脚边缘也应适当布设高程点,但坡脚高程宜设在堤顶高程的旁侧,以构成断面形式。

11) 防洪墙应测绘其顶部及内侧地面的高程,成对注记。

12) 高程注记及小数点取位,各种地形高程注记应清楚,字头向北(等高线高程除外),所有高程应测算至厘米,桥、闸、坝、铁路、公路、市政道路、防洪墙和有特殊要求的应注至厘米外,其余高程点可注至分米。

3 坡坎应符合下列规定:

1) 坡度小于70°者以斜坡表示,应按实测绘,图式绘示。斜坡范围线应实测,坡脚线应以点线绘示。当斜坡在图上的投影宽度小于 2 mm 时,应以陡坎表示;大堤的坡脚线可用地类界符号表示,当坡脚线已伸入水面时,地类界符号可不表示。

2) 坡度大于70°者以陡坎表示,应按实测绘,图式绘示。

4 其他地貌应符合下列规定:

1) 山洞的测绘,应在洞口位置上按真方向绘出符号,有专有名称的应加注名称。人工修筑的山洞和探洞也应用此符号表示,并加注相应的说明注记。

2) 依比例尺表示的独立石,应实测轮廓线,点线表示,中置符号。

3) 面积较大的石堆,应实测范围线,点线绘示,中置符号。

4) 土堆的测绘,应实测顶部和底脚的概略轮廓,顶部实线绘示,底脚点线绘示,同时应测注顶部和底部的高程。

5) 坑穴的测绘,应实测边缘,测注底部高程。

6) 乱掘地的测绘,应实测概略轮廓,点线绘示,场地内有明显陡坎的,应按实地位置绘出陡坎符号,加注"掘"字,适当测注上、下高程。

5 土质的测绘,沙地、砂砾地、石块地、盐碱地、小草丘地、龟裂地、沼泽地、盐田、盐场、台田等应按实测绘,图式绘示。

6.2.9 植被与土质应符合下列规定:

1 耕地应符合下列规定:

1) 稻田和旱地的测绘,地面较平整而能种植水稻的田块,
宜以稻田表示;地面不平整、不能种植水稻的田块,宜以
旱地表示。主熟是种水稻(或棉花),在主熟收割后又种
植其他副熟作物(如麦子、油菜、高粱、玉米等)的,宜以
稻田表示;而主熟是种棉花的,则宜以旱地表示。水、旱
作物轮作的,宜以稻田表示;常年种植旱谷的,宜以旱地
表示。

2) 水生经济作物应按图式符号表示,图上面积大于
2 cm^2 的,应加注品种名称。

3) 菜地应按实测绘,小块的自留地可不表示。

2 园地应实测范围,整列配置符号,分别加注树种、作物名
称。园地夹种(指数量相差不大)的可并注,但不得超过 3 种,多
于 3 种的,舍去少量及次要的;兼种的(指数量较少)应择主要
者注。

3 林地应符合下列规定:

1) 林地应实测范围,图式符号绘示。图上面积在 25 cm^2 以
上的林地应注出树种,树高可免注。人工种植的排列较
整齐的防护林带亦属此类。如多种树种混合生长,比例
相差不大时,可将各树种同时绘注;如某一树种占该林
地面积 80% 以上,则以该树种绘示。

2) 灌木林应实测范围,图式绘示。小面积的(不大于图上
2 cm^2 时),可按独立灌木丛测绘。

3) 苗圃应实测范围,图式绘示。

4) 铁路、公路、河流旁的行树应测绘,实测首末位置,图式
绘示。城市道路上的行树可不表示。

5) 独立树应实测中心位置,相应的符号绘示。有铭牌的古

树名木应按独立树测绘,并加注"古树"二字。

    6) 竹林应实测范围,图式绘示。小面积(不大于图上 $2 cm^2$ 时)的,可按独立竹丛测绘。

4 草地应实测范围,图式绘示。

5 其他植被应符合下列规定:

    1) 芦苇地、席草地、芒草地及其他高秆草本植物地等应实测范围,图式绘示,并注记相应的草本名称。

    2) 花圃应实测范围,图式绘示。

6 地类界、防火带应符合下列规定:

    1) 居民地、大块耕地的地类界和地物范围线应分开;毗连宅基地在图上不足 $2 cm^2$ 时的零星菜畦、空荒地、竹林、桑园、散树地等,可并入宅基地范围以内,但应在其相应位置加绘植被符号;各种不同地类的分界线应闭合。地类界线如与地面上有形的线状符号(田埂、道路、河流、土堤、沟渠、围墙、栅栏、篱笆等)重合,可以该线状地物符号代替地类界;地类界如与等高线重合,应移位绘出,不得以等高线代替地类界线。

    2) 防火带应实测范围,图式符号绘示,并注"防火带"三字。

6.2.10 各类名称、说明和数字注记应准确注出。名称注记应使用国务院公布的简化汉字。各种注记的字义、字体、字级、字向、字序、字位应准确无误,间隔应均匀相等,宜根据所指地物的面积和长度配置。注记以点、线表示。

1 注记的排列形式应符合下列规定:

    1) 水平字列——各字中心连线应平行于南、北图廓,由左向右排列。

    2) 垂直字列——各字中心连线应垂直于南、北图廓,由上而下排列。

    3) 雁行字列——各字中心连线应为直线且斜交于南、北图廓。

4）屈曲字列——各字字边应垂直或平行于线状地物,且依
　　线状地物的弯曲形状而排列。

2　注记的字向宜为正向,字头朝向北图廓;道路、弄堂、门牌
号等应按光线法则进行注记。

3　注记的字隔应符合下列规定:

1）接近字隔——各字间隔以 0～0.5 mm 为宜。

2）普通字隔——各字间隔以 1.0 mm～3.0 mm 为宜。

3）隔离字隔——各字间隔宜为字大的 2 倍～5 倍,道路、
　　河流的注记间隔可放宽。

4　居民地名称及注记应符合下列规定:

1）居民地名称,城市、集镇、村宅、街道、里弄、新村、公寓等
　　居民地名称以及门牌号,均应查明注记。农村居民地应
　　查注其自然村名,如无自然村名,则可查注其行政村名
　　(行政机关办公所在地)。散居的居民地,如用一个注记
　　不能包括,可分注几个。

2）居民地名称注记应采用水平字列、接近字隔、正向排列。
　　根据居民地的图形情况,也可采用垂直字列或雁行字
　　列、普通字隔、正向排列。

3）居民地名称注记的字体、字体大小均应按图式要求
　　注记。

5　各种说明注记应符合下列规定:

1）名称说明注记应符合下列规定:

　　a) 名称说明注记,凡独立的、范围较大的均应查注其名
　　　称。非独立的可选择注记,同一建筑有多种不同性
　　　质单位使用时,有建筑名称的可注记建筑名称,否则
　　　可择注其大的或对外接触面广的一个单位名称。有
　　　保密性质的机构名称不得注记。建筑物注记名称应
　　　与地名主管部门公布的一致。

　　b) 单位名称宜全名注记,如全名过冗的,可在征得所属

单位同意后将上级机构或地区性质的辅助名称适当简略,但对表示该单位性质的主要组成部分应保持其完整。

2）性质说明注记应指各种地物及管线的属性注记,土质和植被的种类及品名(如松、苹、草坪、苇等),各种大面积土质植被采用注记时的说明,建筑物建筑材料注记(如砼、混)及特殊情况说明等。

3）各种说明注记应注在其内部适中的位置,以所注名称能控制各碎部或单位等的全部范围、不偏于一隅,不妨碍地物、地貌线条为原则。

6　山、山梁、高地等名称,应按范围大小按图式要求进行注记。

7　江、河、湖、海等有正式名称的均应准确注记。

8　各种数字注记应符合下列规定:

1）数字注记应包括控制点点号、高程值、门牌号、公路等级代码和编号及其他数字注记等。

2）各种数字注记应选用相应的字体大小。

3）门牌注记宜全部逐号注记,毗邻房屋门牌过密的,可分段注以起讫号数。农村房屋可择要注记;临时门牌可免注。里弄的门牌号应以数字注于里弄口(或里弄内,注记在里弄内时应选择一主要内部道路按光线法则注记);里弄名带道路名的,道路名可免注。

4）公路技术等级代码和编号应按图式要求进行注记。

6.3　全站仪、GNSS RTK 测量

6.3.1　测前准备应符合下列规定:

1　抄录平面及高程控制点成果。

2　踏勘了解测区的地形情况、平面和高程控制点的位置及

完好情况。

3 编写技术设计书。

4 检查和校正仪器,检查采集软件平台及其版本是否与最新的规定相符。

5 拟定作业计划。

6.3.2 数据采集应符合下列规定:

1 施测前应对已知点成果进行复核,复核较差满足作业精度要求后方可作业。

2 碎部点坐标可采用极坐标、GNSS RTK、交会法等方法采集。

3 极坐标方法测定碎部点应符合下列规定:

  1)每个测站必须观测一已知点作为起始方向,同时观测另一已知点的方向值和距离计算坐标作检查,坐标重合差应符合表 6.3.2 的规定;对小范围工程地形测绘,可采用后视点边长检核。

表 6.3.2 坐标重合差

限差		视准点	
		0	1
测站点	0	4 cm	6 cm
	1	—	6 cm

注:1. 0 为图根点或以上级控制点。

  2. 1 为增设的图根支点。

  2)测定的碎部点应在成果图及用于检查验收的回放图上用符号"+"表示。

  3)在测定坐标时,水平角、垂直角施测半测回,距离测定1 次,所测距离应化算成水平距离。

  4)使用的棱镜标杆应安装经检校合格的水准器。测设房角、电杆等地物时应顾及棱镜的厚度,可采用加减常数或偏心方法进行测定。

5）使用免棱镜模式测量时,可进行碎部点的角度或距离改正。

6）测距长度不应超过 150 m,且不应大于测站定向边长度的 1.5 倍,对于施测困难的不得大于定向边长的 2 倍。

7）一个测站数据采集结束时,应进行坐标重合差检查,坐标重合差应符合表 6.3.2 的规定,检查符合要求后方可迁站。

4　GNSS RTK 方法测定碎部点应符合下列规定:

1）利用 GNSS RTK 直接采集碎部点时,其精度要求应符合本标准第 6.1.2 条的规定。

2）GNSS RTK 每点采集 1 组,连续测定 20 个碎部点,需要重新初始化,并检核 1 个碎部点的坐标重合差,限差不大于 8 cm,否则应查明原因,剔除超限点,重新测量。

5　交会方法测定碎部点应符合下列规定:

1）碎部点的平面位置可采用直角交会、直线交会、前方交会等方法。

2）前方交会的交会角应大于 30°、小于 150°;直角交会、直线交会的交会边长应小于固定边长的 1/2。

6　施测困难的碎部点可采用截距法,量取的长度不得超过固定边长的 1/2;也可采用交线法,交线长度不得超过固定边长的 1.5 倍。

7　电子手簿法作业时,应现场绘制所测碎部点的草图,注记各要素及编码;外业采集数据时若要对已有信息进行修改,只允许修改该点的连线和属性,不得修改该点的坐标值;作业过程中,应及时做好备份。

8　电子平板法作业时,应具有与全站仪连接、读取量测数据和转换成坐标数据的功能。

9　采用三角高程方法直接测定地面高程时,应观测已知高程点作检核,高程重合差不应大于 5 cm。计算高差时应加垂直角指标差改正。

6.4 三维激光扫描测量

6.4.1 测前准备应符合下列规定：

1 抄录平面及高程控制点成果。

2 踏勘了解测区的地形情况、平面和高程控制点的位置及完好情况。

3 编写技术设计书。

4 检校仪器。

5 拟定作业计划。

6 收集其他相关资料。

6.4.2 点云精度及其对应控制应符合下列规定：

1 三维激光扫描点云精度及技术指标应符合表 6.4.2-1、表 6.4.2-2 的要求，有特殊要求的应另行设计。

表 6.4.2-1　地面三维激光扫描点云精度技术指标(m)

类别	特征点间距中误差	点位相对于邻近控制点中误差	最大点间距	配准要求
地面三维激光扫描测量点云	≤0.05	≤0.10	≤0.025	配准次数不应超过 5 次

表 6.4.2-2　移动测量系统、机载激光雷达点云精度技术指标(m)

类别	点位精度(中误差)	高程精度(中误差)
移动测量系统、机载激光雷达点云	0.10	0.05

2 三维激光扫描测量方法平面、高程控制要求按表 6.4.2-3 及表 6.4.2-4 执行。

表 6.4.2-3　三维激光扫描测量方法平面、高程控制要求

控制点类别	地面三维激光扫描	移动测量系统、机载激光雷达
控制点(纠正点)	图根导线、图根水准	图根导线、图根水准

表 6.4.2-4　移动、机载扫描基站平面、高程控制要求

控制点类别	移动测量系统、机载激光雷达
基站	三级导线、四等水准

6.4.3 数据采集应符合下列规定：

1 地面三维激光扫描站及标靶布设应符合下列规定：

1）扫描站应设置在视野开阔、地面稳定的安全区域，设站数量应尽量少。

2）扫描站扫描范围应覆盖整个扫描目标物，均匀布设。

3）目标物结构复杂、通视困难或线路有拐角的情况应适当增加扫描站。

4）相邻两扫描站的公共标靶个数不应少于 3 个，明显特征点可作为标靶使用。

5）标靶应在扫描范围内均匀布置且高低错落。

6）扫描站间有效点云的重叠度不应低于 30%，困难区域不应低于 15%。

2 移动测量系统采集时应符合下列规定：

1）GNSS 基站距离施测区域不宜超过 5 km，最大距离不应超过 15 km。

2）惯性测量装置的初始化应采用静态观测等方式进行，初始化时 GNSS 卫星数量不宜低于 6 颗，空间位置精度因子（PDOP 值）宜小于 4。

3）采集过程中不宜与集卡、货车等大车并行，行驶速度应满足点云密度要求，一般城市道路行驶速度不宜超过 40 km/h，隧道、高架等区域行驶速度不宜超过 60 km/h。

4）采集路线在保证目标地物全覆盖的情况下，应尽量减少重复度。

3 机载激光雷达采集时应符合下列规定：

1）GNSS 基站距离施测区域不宜超过 5 km，最大距离不

应超过 15 km。

2）惯性测量装置的初始化应采用静态观测等方式进行，初始化时 GNSS 卫星数量不宜低于 6 颗，空间位置精度因子（PDOP 值）宜小于 4。

3）飞行设备停靠区域应视野开阔，视场内障碍物的高度角不应大于 20°，避免 GNSS 信号失锁。

4）飞行航线应保证整体平缓，航线旁向重叠度不宜小于 20%，最低不应小于 10%；旋偏角不宜大于 15°，最大不应超过 25°。

5）在一条航线内，航高变化不应超过相对航高的 10%，实际航高变化不应超过设计航高的 10%，飞行过程中应保证飞行状态稳定。

6）整个作业区域内，采集航线在保证目标地物全覆盖的情况下，应尽量减少重复度。

6.4.4 点云处理应符合下列规定：

1 地面三维激光点云处理应通过点云数据配准、坐标系转换、降噪等，获得满足需求的点云数据。

2 移动测量系统、机载激光雷达点云应经定位测姿数据处理、点云解算、点云纠正、降噪与抽稀等，获得满足需求的点云数据。

6.4.5 数据提取应符合下列规定：

1 点对象应提取其特征点的坐标。

2 线对象应提取其起止点和折点的坐标。

3 面对象应提取其轮廓线的起止点和折点。

4 点、线、面对象特征点提取时，应根据数据源仔细辨认，不得错漏、移位和变形。对点状要素提取的定位点，应准确描述其几何定位，有向点应确定其方位角；对线状要素提取其定位线，定位线应根据轨迹描述，走向明确，衔接合理；面状要素应封闭构面，不应重叠。

6.4.6 野外调绘及修补测应符合下列规定：

1 野外调绘主要进行实地检查、修补测、属性调查、注记等工作。调绘应判读准确、描绘清楚,图式运用恰当,注记准确。

2 调绘应反映现状,扫描后新增、扫描空洞或被物体遮挡的地物或无完整点云的独立地物应到实地进行补测。扫描后拆除的建筑物,应在图上进行标记删除符号。

6.5 航空摄影测量

6.5.1 资料准备应包括下列内容:

1 数字航摄仪获取的影像数据、惯导成果。

2 航摄仪检校文件及相关参数。

3 航摄略图,包括航摄分区划分、航线分布、图幅分幅。

4 像片或数字影像接合图。

5 测区内现有的地形图数据。

6 其他有关资料。

6.5.2 基准面地面分辨率应符合下列规定:

各航摄分区基准面的地面分辨率,应结合测区的地形条件,在确保测图精度的前提下,在表6.5.2的规定范围内进行选择。

表6.5.2 测图比例尺与基准面地面分辨率的对应要求(cm)

成图比例尺	地面分辨率
1:500	≤5
1:1 000	≤10
1:2 000	≤20

6.5.3 区域网划分应符合下列规定:

1 区域网的划分应根据航摄分区、航摄比例尺、成图比例尺、测区地形特点、图幅分布、计算机性能等情况进行全面考虑,选择最优实施方案。

2 区域网的形状应平行或垂直于航线方向,宜呈矩形或方形。

3 区域网的大小应以能够满足空中三角测量精度要求为原

则,主要依据成图精度、航摄资料的有关参数及对系统误差的处理等多因素确定。

6.5.4 像控点布设应符合下列规定:

1 平高控制点可采用周边布点法,根据情况沿周边对称布设,内部可适当增加点数;其旁向跨度不得超过 6 条航线,航向跨度不得超过 8 条基线。

2 高程控制点可采用横条竖排的网格布点法,其旁向跨度为 1 条航线,航向跨度不得超过 8 条基线。

3 当区域网航线数为偶数时,像控点布设方法可按图 6.5.4(a)执行。

4 当区域网航线数为奇数时,像控点布设方法可按图 6.5.4(b)执行。

5 当区域网航线数不超过 4 条,像控点布设方法,航线较长时可按图 6.5.4(c)执行,航线较短时可按图 6.5.4(d)执行。

6 当区域网不规则时,除按上述旁向跨度和航向跨度的要求布点外,区域网的凹凸角处均应加布平高控制点,可按图 6.5.4(e)执行。

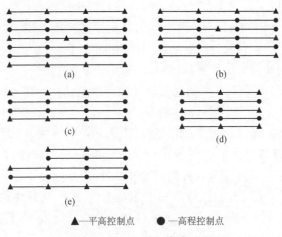

▲—平高控制点　●—高程控制点

图 6.5.4　区域网布点略图

6.5.5 特殊情况下像控点布设应符合下列规定：

1 航摄分区分界处的布点：相邻航摄分区满足下述条件时，位于两分区的相邻航线可按同一航线处理，否则应分别划分区域网。条件如下：

 1）两相邻航摄分区使用同一类型航摄仪于同期航摄，焦距之差小于 0.03 mm。

 2）航线旁向衔接错开应小于 10%；衔接后航线弯曲度应在 3%以内。

 3）航向差应在相对航向的 2%以内；航向重叠正常。

2 像片重叠不够时的布点：航向重叠小于 53%产生航摄漏洞时，应视为断开的不同航线处理，应分别划分区域网，漏洞处应外业补测。旁向重叠小于 15%时，若重叠部分像片清晰，重叠部分可在内业测绘，但应分别布点，此外还应在重叠部分补测 1 个～2 个高程点。如果不能满足上述要求，重叠或裂开部分应在外业进行补测。

3 主点落水时的布点：点位处于水域内，或被云影、阴影等覆盖，或无明显地物，落水范围的大小和位置不影响立体模型连接时，可按正常航线布点；否则落水像对应全野外布点。

4 水滨和岛屿地区的布点：以能控制测量范围、方位、高程为原则，凡有合适条件的像对尽可能布设 2 个～4 个平高控制点。当难以用航测方法保证精度时，应采用外业补测。

6.5.6 采用 GNSS 辅助光束法区域网平差像控点布设应符合下列规定：

1 规则区域网宜采用四角两边或四角两线法。采用四角两边法时，在区域网的四角各布设 1 个平高控制点，同时在区域网两端垂直于航线方向的旁向重叠中线附近各布设 1 排高程控制点，可按图 6.5.6(a)执行。采用四角两线法时，在区域网四角各布设 1 个平高控制点，同时区域网两端垂直于航线方向敷设 2 条控制航线(构架航线)，可按图 6.5.6(b)执行。

2 不规则区域网应于其周边增设像控点,凸角转折处布设平高控制点;凹角转折处为 1 条基线时,布设高程控制点;1 条以上基线时,布设平高控制点。可按图 6.5.6(c)执行。

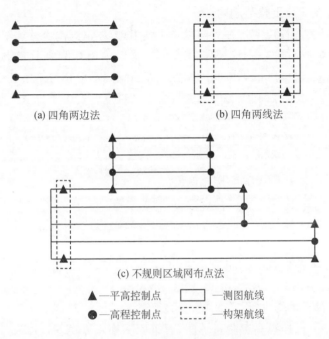

(a) 四角两边法　　　　　(b) 四角两线法

(c) 不规则区域网布点法

▲—平高控制点　　　　□—测图航线

●—高程控制点　　　　▢—构架航线

图 6.5.6　GNSS 辅助光束法布点略图

6.5.7 像控点选点应符合下列规定:

1 平高控制点点位目标影像应清晰,易于判别,宜选在交角良好(30°～150°)的细小线状地物的交点、明显地物拐角点,同时应是高程变化较小的地方,易于准确定位和量测,常年相对固定;弧形地物、非固定地物等不应选作点位目标。

2 高程控制点点位目标应选在高程变化较小的地方,以线状地物的交点为宜;狭沟、尖顶和高程变化急剧的斜坡等,均不宜选作为点位目标。

3 测区内普遍难以找到合适的像控点目标时,应在航摄前铺设地面标志,并根据航摄比例尺等确定标志的大小。

4 像控点一般应在航向及旁向 6 片重叠范围内,困难条件下可在 5 片重叠范围内。

5 像控点应选在旁向重叠中线附近,尽量远离像片边缘。

6 航线两端上下像控点在同一像对内相互偏离不应超过半条基线,规则区域网中间的像控点左右偏离不应超过 1 条基线。

6.5.8 像控点刺点与测量应符合下列规定:

1 像控点刺点的要求:

  1) 数字影像上选点、标记,准确标示出像控点位置;也可输出在图纸上,进行像控点判点、刺点与整饰,输出的影像比例尺为航摄比例尺。

  2) 像控点应以判点为主,刺点为辅。

  3) 像控点实地选点后,宜拍摄数码相片,并与点位略图配合使用。

2 像控点平面测量方法,可采用图根导线测量、GNSS 静态测量、GNSS RTK 测量、单基站 GNSS RTK 测量,其主要技术要求应符合本标准第 5 章中的有关规定。

3 像控点高程测量方法,可采用图根水准测量、GNSS 水准高程拟合、GNSS 高程测量、GNSS RTK 测量,其主要技术要求应符合本标准第 5 章中的有关规定。

6.5.9 空中三角测量应符合下列规定:

1 根据内业数据处理需要,在不影响地物立体观测、属性判读的前提下,可对数字航片进行格式转换、影像旋转、畸变纠正、图像增强等影像预处理工作。

2 相对定向应符合下列规定:

  1) 相对定向连接点上下视差中误差不大于 1/3 像素,连接点上下视差最大残差不大于 2/3 像素,特别困难资料或地区可放宽 0.5 倍。

2）每个像对连接点应分布均匀,每个标准点位区应有连接点。自动相对定向时,每个像对连接点数目一般不少于30个。

3）标准点位区落水时,应沿水涯线均匀选择连接点。

4）航线连接点宜3度重叠,旁向连接点宜6度重叠。

5）自由图边在图廓线以外应有连接点。

3 绝对定向与区域网平差应符合下列规定:

1）区域网平差计算结束后,基本定向点残差、检查点不符值、区域网间公共点较差不应大于表6.5.9的规定。

表6.5.9 基本定向点残差、检查点不符值、区域网间公共点较差限差(m)

成图比例尺	点别	平面位置限差		高程限差	
		平地	丘陵地	平地	丘陵地
1:500	基本定向点残差	0.13	0.13	0.11	0.2
	检查点不符值	0.175	0.175	0.15	0.28
	公共点较差限差	0.35	0.35	0.3	0.56
1:1000	基本定向点残差	0.3	0.3	0.2	0.26
	检查点不符值	0.5	0.5	0.28	0.4
	公共点较差限差	0.8	0.8	0.56	0.7
1:2000	基本定向点残差	0.3	0.3	0.2	0.26
	检查点不符值	1.0	1.0	0.28	0.4
	公共点较差限差	1.6	1.6	0.56	0.7

2）平差计算时对连接点、像控点进行粗差检测,并对检测出的粗差点进行剔除或修测。

3）对于IMU/GNSS辅助空中三角测量和GNSS辅助空中三角测量,导入摄站点坐标、像片姿态参数进行联合平差。

6.5.10 立体测图法应符合下列规定:

1 有空中三角测量成果的定向建模,宜将成果直接导入完成像对的内定向、相对定向、影像采样、绝对定向。

2 无空中三角测量成果的定向建模,内定向、相对定向、绝对定向的精度应满足第 6.5.9 条的要求。

3 内定向残差超限的应进行重新内定向。相对定向对左右影像进行匹配运算,输出精度报告;如果点位分布不均匀,或者在标准点位附近没有连接点,则应手工加点,剔除粗差点,直到满足精度要求。

4 影像采样分辨率设置应符合表 6.5.10 的规定。

表 6.5.10　采样分辨率(m)

成图比例	1∶500	1∶1 000	1∶2 000
像元大小	≤0.05	≤0.10	≤0.20

5 通过量测各个像控点的模型坐标,进行绝对定向计算,检查本像对控制点残差及中误差;如果超限,则进行个别点补测或全部重测。

6 数据采集应符合下列要求:

1) 数据采集应先内业测图、后外业调绘、再编绘成图。

2) 数据采集应保证所采要素的数学精度。

3) 数据采集应依据相应比例尺图式的要求进行,地形地物的分类代码、符号以及相应属性信息应正确。

4) 地物和地貌测绘时应根据立体模型仔细辨认,不得错漏、移位和变形;各种线状要素应跟迹描绘,走向明确,衔接合理;用符号表示的地物,其定位点或定位线应描绘准确;因阴影遮盖或影像模糊无法采集的地物,应外业补测。

5) 等高线应采用测标切准模型描绘。宜先测注记点高程,0.5 m 等高距测区应注至 0.01 m,大于 0.5 m 可注至 0.1 m。在等倾斜地段,当计曲线间距小于 5 mm 时,可只测计曲线,并插绘首曲线。等高线亦可通过相应格网间距的 DEM 内插生成。有植被覆盖的地表,宜切准地面描绘;当只能沿植被表面描绘时,应加植被高度改正。在树林密集隐蔽地区,按调绘时量注的平均树高进行改正。平地和丘陵地区的等高线描绘误差不应大于 1/5 等高距。

6）当模型影像清晰且定向精度良好时,像片测图范围不得超出像片定向点连线外 1 cm,且离像片边缘不得小于 1 cm。

7）像对间数据应在测图过程中进行接边,地物接边差应小于地物点平面位置中误差的 2 倍,等高线接边差应小于 1 个基本等高距。

8）测区内应有一定数量的检查点用于检查最终成果的数学精度。检查点可采用内业加密点,一般每个像对平均 1 个~2 个点;或是外业实测的明显地物点,一般每幅图平均 1 个~2 个点。

9）独立采集的图幅应按要求进行接边;未按标准图幅采集的数据,应接边后再按标准图幅范围进行数据裁切。相邻图幅间要素接边,应做到位置正确、形态合理、属性一致。

6.5.11 数字综合法应符合下列规定:

1 像片纠正应符合下列规定:

1）纠正像元大小应依据摄影比例尺以及成图比例尺确定。

2）上海地区可采用平均水平面作为投影面进行纠正,投影面高程可根据整个测区的平均高程确定。

3）纠正时宜采用像素对齐的采样方式,保证纠正后影像的每个像素角点坐标均是像素大小的整数倍。

2 数据采集应符合下列规定:

1）应按照标准图幅外扩 1 cm 对纠正影像进行裁切;如一幅图由多张像片覆盖,则相邻像片之间应重叠 2 cm。

2）影像调整时应保持原始影像信息不损失。

3）影像套合时应保证影像与范围框之间相差小于1个像素，否则应重新套合或检查影像纠正及切割是否正确。

4）一般地形地物宜在一张像片上采集完整，超出范围需用到1张以上影像的，应在最后编图时对错位问题进行处理。

5）围墙、房屋、防洪墙等建构筑物应采集顶部；电线杆、通信杆等杆状地物应采集底部。

6）数据采集完成后应打印图纸供外业调绘使用。

6.5.12 野外调绘应符合下列规定：

1 野外调绘主要进行实地检查、修补测、名称调查注记、屋檐改正等工作。调绘前应收集和分析有关资料。调绘应判读准确、描绘清楚，要求图式运用恰当，注记准确。

2 调绘应反映现状，航摄后新增的、影像模糊的、被影像或阴影遮盖的地物或无明显影像的独立地物应实地补测。采用数字综合法时，应对航摄后新增的铁路、等级公路、大堤、防洪墙及高压输电线进行修补测，其他地物可不作要求。补测的地物应附有标明与明显影像相关尺寸的实测草图，或按成图比例尺测绘的原图（面积较大时）。

航摄后拆除的建筑物，或虽有影像但可不表示的地物应在像片或图上用红色"×"划去，范围较大时应加说明。

3 水涯线的调绘宜以影像为准，池塘、水渠等应依坎边为准。

4 阴影遮盖的及其他内业难以测绘的地物，应在外业量注有关数据，如堤垄、陡坎的比高，道路铺装面和路肩宽，河沟宽度等。2 m以下的比高应在外业量注。屋檐宽度可直接量取或量取房宽进行改正；当屋檐宽度大于图上0.15 mm时，应注明其宽度。

以上数据1∶500成图应量注至5 cm，1∶1 000与1∶2 000成图应量注至10 cm。

5 调绘时应注意图幅之间的接边，接边处房屋轮廓、道路、管线、河流、植被等的性质、等级、宽度和符号,以及各项注记应一致。

    6   调绘时还应按照相关要求调查各类地形地物的属性信息。

    7   采用数字综合法时,外业调绘还应对不在投影面上的地形地物进行高差量测。

6.5.13   图形编辑应符合下列规定:

    1   建筑物应进行房檐等改正。

    2   数字综合法中应对不在投影面上的地形地物进行投影差改正。

6.6　地形数据收集整合

6.6.1   地形数据收集整合的流程可包括地形数据收集、地形数据整合、成果验收及提交。

6.6.2   地形数据收集应保证数据的可靠性、完整性;应明确数据来源,数据格式、时间等相关属性。

6.6.3   地形数据整合应符合下列规定:

    1   对地形数据进行处理,使其满足本标准的相关要求。

    2   对地形数据开展内、外业检查,保证地形数据的质量。

    3   若发现地形错漏,应及时组织重测或补测。

    4   地形数据整合时,应处理好收集地形数据与原有地形数据的接边。

6.7　地形图缩编

6.7.1   本标准地形图缩编特指 1∶500、1∶1 000 缩编至 1∶2 000。

6.7.2   1∶500、1∶1 000 缩编至 1∶2 000 可采用自动缩编或加人工缩编辅助的方法。

6.7.3 测前准备应符合下列规定：

1 收集现势1：500、1：1 000地形图和往年1：2 000地形图。

2 编写技术设计书。

3 检查和校正仪器,检查采集软件平台及其版本是否与最新的规定相符。

4 拟定作业计划。

6.7.4 数据拼接应符合下列规定：

1 数据拼接时不应遗漏或重复,位置应准确。

2 图幅内数据拼接应完整、连续,不应存在缝隙。

6.7.5 地形图缩编要求应符合下列规定：

1 各地形要素的绘制精度,应符合相应比例尺地形图精度的要求。

2 各地形要素的综合取舍要求,应按照相应比例尺地形数据测绘要求执行。

6.7.6 地形图缩编应按下列程序作业：

1 资料分析与准备。

2 代码对照表设计。

3 自动编绘或加人工编绘辅助方法进行缩编,应包括图形编辑、属性编辑、注记编辑。

4 拓扑处理。

5 图幅接边和图廓整饰。

6 对成图进行检查与修改。

6.8 数据编辑处理

6.8.1 数据编辑应符合下列要求：

1 数据编辑时,原始的外业测量数据和其他数据不得改动。

2 数据编辑在外业提供的工作草图或数据上进行,存在问题时通过外业检查解决。

    3   要素分类以及图式按本标准附录 A 要求执行。

    4   数据编辑的软件系统经检测鉴定后使用。

    5   各种注记如名称、数字等位置适当合理。

    6   元数据文件内容填写完整,签名齐全。

6.8.2   要素的属性数据内容应符合下列要求:

    1   地物要素的属性数据内容填写完整、正确。

    2   高程点、等高线赋予正确的高程值。

    3   点、线状注记的文本属性信息正确。

6.8.3   要素的几何拓扑关系应符合下列要求:

    1   要素的几何类型和空间拓扑关系正确。

    2   面状要素应封闭,没有零长度线和悬挂点;一个面要素有且只有 1 个标识点,标识点落在面内部,不能落在面边界线上或面外;相邻面要素的边线应重合;同类面要素间没有重叠和自相交。

    3   线状要素不能自重叠、自相交;构成几何网络的线状要素保证结点的相交性、连通性。

    4   数据中没有无意义的细碎多边形或细碎小短线。

6.8.4   建筑物数据编辑应符合下列要求:

    1   建筑物为面状要素,有且只有 1 个标识点;建筑物的层数加赋在标识点的楼层属性中。

    2   建筑物中的注记不作为面标识点。

6.8.5   交通数据编辑应符合下列要求:

    1   高速公路的主、辅路分别绘制中线,主路绘制 1 条,两边辅路按车行方向各绘 1 条,主辅路间合理连接;其他道路中线只需绘制 1 条。

    2   有路名的中线在同一平面相交处形成结点;多条道路相交时,在同一路口且相交处距离很近,只形成 1 个结点,相交路线尽量保持平滑。

    3   立交桥中线代码与所连接的道路中线代码相同;立交桥

直行贯通的路中线名称属性赋所连接道路名称;不同方向但路面相连接,包括中间有隔离墩的立交桥,可绘一条中线,方向不限;其他情况的立交桥,包括相同方向但不在同一平面的,主路和匝道都需要单独绘中线,并准确与桥下道路连接。

　　4 道路相交处没有悬挂点。

　　5 铁路线要素全部采用中线,并确保图幅间接边。

　　6 铁路线相交处形成结点。

　　7 铁路遇隧道时保持铁路连贯,按隧道走向连接。

　　8 铁路遇道路时从上方通过,或遇天桥、附属设施,也可在判断铁路线路的情况下保持铁路贯通。

6.8.6 水系数据编辑应符合下列要求:

　　1 河、湖、水库、池塘、沟渠等水系构面,名称加赋在面标识点属性中。

　　2 水系构面时,有坡线或泊岸的,以第一道坡线或泊岸为边界;无坡线或泊岸但有水涯线的,以水涯线为边界。

　　3 河流干枯地段上,即使有大片植被或有大车路或土路,也归入水系面中,而不能作为植被或道路构面;但如有房屋时,将房屋构面。

　　4 有水流方向的路边沟作为沟渠构面;两段沟渠之间,没有水流方向,也作为沟渠构面。

6.8.7 高程点、等高线数据编辑应符合下列要求:

　　1 高程点、等高线正确加赋高程值属性。

　　2 正确区分等高线的首曲线和计曲线,高程值准确。

6.8.8 植被数据编辑应符合下列要求:

　　1 植被构面,边界选择准确。

　　2 植被边缘有沟渠时,以沟渠边线为界,将沟渠隔在植被面之外。

　　3 大片苗圃或菜地内的温室、菜窖宜归入苗圃或菜地面内,房屋单独构面。

7 元数据

7.0.1 数字地形测绘成果应包含元数据文件。

7.0.2 元数据文件宜采用 JSON 或 XML 数据格式,应以图幅为单位记录。

7.0.3 元数据应根据测绘生产的不同阶段分别记录。

7.0.4 元数据中各项内容应逐项记录,如实填写,内容完整;无值的应填写"无"(数值型填"0");值未知应填写"未知"(数值型填"0")。

7.0.5 数字地形测绘成果更新时,相应的元数据也应更新。

7.0.6 数字地形测绘元数据的内容和格式应符合表 7.0.6 的规定。

表 7.0.6 数字地形测绘元数据文件内容和格式

序号	数据项	数据类型	数据格式、值域	备注
1	图号	字符型	按规定的图幅编号格式	
2	比例尺分母	整型	500、1 000、2 000	
3	产品生产开始日期	整型	YYYYMMDD	
4	产品生产结束日期	整型	YYYYMMDD	
5	产品更新开始日期	整型	YYYYMMDD	
6	产品更新结束日期	整型	YYYYMMDD	
7	产品权属单位名称	字符型		
8	产品生产单位名称	字符型		
9	作业人员名称	字符型		
10	数据格式	字符型	提交成果的数据格式	

序号	数据项	数据类型	数据格式、值域	备注
11	密级	字符型		
12	所采用的大地基准	字符型	上海2000坐标系	
13	所采用的高程基准	字符型	吴淞高程系	
14	东边接边状态	字符型	已接;未接;自由	
15	南边接边状态	字符型	已接;未接;自由	
16	西边接边状态	字符型	已接;未接;自由	
17	北边接边状态	字符型	已接;未接;自由	
18	平面位置中误差	数值型		单位为m
19	高程中误差	数值型		单位为m
20	质量评定单位	字符型		
21	质量评定日期	整型	YYYYMMDD	
22	质量评价	字符型		
23	质量评价人员名称	字符型		
24	图幅主要建筑名称	字符型		
25	图幅主要道路名称	字符型		
26	主要数据来源	字符型	原图;航摄数据;航片;影像地图;野外数据;数据库数据;地籍数据;其他	
27	数据成图方式	字符型	野外实测;航测内业;地形图缩编;收集整合;激光扫描;其他(说明方法)	
28	航摄比例尺分母	整型		
29	航摄仪焦距	数值型		单位为mm
30	平均航高	数值型		单位为m

序号	数据项	数据类型	数据格式、值域	备注
31	航摄单位	字符型		
32	航摄日期	整型	YYYYMMDD	
33	图像色彩	字符型		
34	影像扫描分辨率	数值型		单位为 DPI
35	测区图根控制平均精度	数值型		单位为 m
36	数据采集软件	字符型	软件名称	

8 成果质量检查与验收

8.1 基本规定

8.1.1 测绘成果的检查与验收按现行国家标准《测绘成果质量检查与验收》GB/T 24356、现行上海市工程建设规范《测绘成果质量检验标准》DG/TJ 08—2322 执行。

8.1.2 测绘成果质量控制执行两级检查、一级验收制度,测绘成果应依次通过测绘单位作业部门的过程检查、测绘单位质量管理部门的最终检查。测绘成果经生产单位最终检查合格后,由任务委托单位组织验收,或由该单位委托有资质的测绘成果质量检验机构验收。各级检查、验收工作应独立、依序进行,不得省略、代替或颠倒顺序。

8.1.3 基础测绘成果必须经有资质的测绘成果质量检验机构验收。

8.1.4 两级检查的组织实施应符合下列规定:

　　1 测绘单位作业人员对其所完成的测绘成果进行自查互检。

　　2 测绘单位作业部门应配备检查人员,采用全数检查方式实施过程检查。

　　3 测绘单位应配备检查人员实施最终检查,内容包括:

　　　　1) 内业资料一般采用全数检查按 100% 的比例进行详查。

　　　　2) 涉及野外检查项的可抽样检查,基础测绘成果按 30% 的比例进行外业详查。

　　　　3) 最终检查应审核过程检查记录。

　　4 过程检查和最终检查应由不同的检查人员实施。

5 各级检查中发现的质量问题应返回上一道工序改正后，再进行复核。

8.1.5 验收的组织实施应符合下列规定：

1 测绘成果经最终检查合格后，方可提交验收。

2 验收一般采用抽样检查。

3 验收应审核最终检查记录。

8.1.6 检查验收的依据应包括下列内容：

1 有关的法律法规。

2 有关的国家标准、行业标准、地方标准和检查验收规定等。

3 项目委托书、合同、任务单、技术设计或委托检查验收文件。

4 新工艺、新产品或试验产品的技术设计或质量策划。

5 其他有关的技术要求。

8.1.7 检查验收的主要内容应包括：

1 数学精度：数学基础(平面坐标系统、高程系统的正确性、控制测量精度等)、平面精度和高程精度。

2 综合精度：数据及结构的正确性，包括数据格式、要素分层和逻辑一致性，要素属性的正确性和合理性。地理精度：包括地理要素的完整性、规范性和协调性，注记和符号的正确性，综合取舍的合理性，接边质量。整饰质量：包括符号、线划和注记质量，图面要素协调性。

3 资料质量：技术设计的合理性、完整性，技术总结、检查报告、质量检查记录的规范性、完整性。

8.1.8 数学精度检测应符合下列规定：

1 图类单位成果高程精度检测、平面位置精度检测及相对位置精度检测，检测点(边)应分布均匀，位置明显，特征明确，能够准确判读，可采用同精度或高精度检测。

2 检测点(边)数量视成果类型、地物复杂程度、地形困难类别等情况确定,一般每幅图要求同一检验参数检测点(边)不低于20个,困难时可适当扩大统计范围。

8.2 成果提交

8.2.1 两级检查时应提交的成果成图资料应包括下列内容:

1 成果目录。

2 任务单、项目委托书或合同复印件。

3 仪器检定或校准证书(复印件)。

4 技术设计书(项目设计书和/或专业设计书)。

5 委托方提供资料、起算数据等有关资料。

6 平面和高程控制测量资料,包括数据采集原始数据文件、控制网图。

7 外业数据采集原始观测和计算资料,包括原始观测数据及坐标数据文件。

8 地形图图形电子文件、地形图回放图1份。

9 全站仪、GNSS RTK测量生产的地形成果,提供资料应包含GNSS RTK原始观测数据及坐标数据、全站仪原始观测数据及坐标数据等。

10 三维激光扫描测量生产的地形成果,提供资料应包含原始点云数据、原始影像数据;控制点、标靶布设资料、外业扫描和内业处理资料;点云数据和点云成果检查报告等。

11 航空摄影测量生产的地形成果,提供资料应包含原始像片、GNSS(或IMU、POS)辅助航摄相关数据、航摄飞行记录、航摄鉴定表、相机系统参数;空中三角测量成果数据、正射影像、真正射影像或倾斜模型成果等。

12 地形数据收集整合生产的地形成果,提供资料应包含原始整合数据和相关验收证明等。

13 数字地形图编绘生产的地形成果,提供资料应包含现势

1∶500、1∶1 000 地形图数据和往年 1∶2 000 编绘地形图数据等。

14 其他相关资料。

8.2.2 验收时除上述资料外还应提交下列成果资料：

1 最终检查质量记录和相关数据文件。

2 检查报告、技术总结。

8.3 质量评定

8.3.1 样本及单位成果质量采用优、良、合格和不合格四级评定。

8.3.2 测绘单位应评定测绘成果质量等级。

8.3.3 检验机构评定单位成果质量和样本质量，并判定批成果质量。

8.4 记录及报告

8.4.1 检查验收记录包括质量问题及其处理记录、质量统计记录等。质量问题应描述完整、规范，错漏归类应准确，记录填写应及时、完整、规范、清晰。检验人员对检验记录负责，并在相应的位置签署姓名、日期。

8.4.2 最终检查完成后，应编写检查报告；质量验收完成后，应编写检验报告。检查报告、检验报告的内容、格式应按照相关规定执行。

8.4.3 各种检查验收记录、检查报告和检验报告随成果一起归档。

8.5 质量问题处理

8.5.1 两级检查中发现的质量问题，应提出处理意见，交测绘单位作业人员进行改正。当对质量问题的判定存在分歧时,由测绘单位组织裁定。

8.5.2 经质量验收判为合格的批成果,测绘单位应对验收中发现的问题进行处理。

8.5.3 经质量验收判为不合格的批成果,应全部退回测绘单位返工。返工后如再次申请验收的,应重新抽样。

附录 A　上海市 1：500　1：1 000　1：2 000 地形图图式

A.0.1　根据现行国家标准《国家基本比例尺地图图式　第 1 部分：1：500　1：1 000　1：2 000 地形图图式》GB/T 20257.1 的要求，结合上海地形测量的要求、地形的特点以及基础地理数据库建设的需要，对其中部分地形要素在上海地区的执行要求作进一步详细说明。

A.0.2　根据上海市的具体情况，对现行国家标准《国家基本比例尺地图图式　第 1 部分：1：500　1：1 000　1：2 000 地形图图式》GB/T 20257.1 中没有涵盖的部分地形要素的表示方法和图式符号进行了补充。

A.0.3　上海市 1：500、1：1 000、1：2 000 地形图执行图式见表 A.0.3。

表 A.0.3　上海市 1：500、1：1 000、1：2 000 地形图图式

编号	要素名称	图式符号			几何类型	备注
		1：500	1：1 000	1：2 000		
1	测量控制点					
1.1	平面控制点					
1.1.1	三角点		I1138　3.0		点	只注等级和点号，不注点名和高程。例：II14，II318
1.1.2	土堆上的三角点		$\frac{14}{II}$　3.0		点	
1.1.3	小三角点		I1138　3.0		点	只注等级和点号，不注点名和高程
1.1.4	土堆上的小三角点		I1138　3.0		点	
1.1.5	导线点		28　2.0		点	埋石的等级导线点用此符号，只注点号，不注等级和高程

续表 A.0.3

编号	要素名称	图式符号 1:500	图式符号 1:1 000	图式符号 1:2 000	几何类型	备注
1.1.6	土堆上的导线点		28 / 2.0 2.4		点	
1.1.7	埋石图根点		30 / 2.0		点	
1.1.8	土堆上的埋石图根点		28 / 2.0		点	
1.1.9	不埋石图根点		28 / 2.0		点	可不表示
1.1.10	固定图根点		28 / 2.0		点	编号规格不强求，要求清晰、实地、成果三者一致，不得混淆
1.1.11	细部实测坐标点		2.0		点	

续表A.0.3

编号	要素名称	图式符号			几何类型	备注
		1:500	1:1000	1:2000		
1.2	**高程控制点**					
1.2.1	水准点		⊗ 0-145 2.0		点	只注点号，不注等级、点名和高程。例:0—145 0—区县代号 145—点号
1.3	**其他测量控制点**					
1.3.1	卫星定位等级点		◁ G3001 3.0		点	只注点号，不注等级和高程。例:G3001
1.3.2	独立天文点		☆ 28 2.0		点	可不表示
2	**居民地和垣栅**					
2.1	**普通房屋**					砖木结构房屋不注"砖"字，只注层次:1:500 一层起注,1:1000,1:2000 二层起注;1:2000 房屋不绘草线

续表A.0.3

编号	要素名称	图式符号			几何类型	备注
		1:500	1:1000	1:2000		
2.1.1	建成房屋	混3	混3	3	面	
2.1.2	突出房屋	混3	3	3	面	
2.1.3	高层房屋	混28	28	28	面	
2.1.4	简易房屋	简	简		面	零星披屋及农村宅基内村前屋后不住人的面积过小的(1:500为10 m²,1:1000为20 m²,1:2000为50 m²的简单房屋可不表示
2.1.5	建筑中房屋	建	建		面	
2.1.6	放样房屋	放	放		面	
2.1.7	破坏房屋	破	破		面	一般不表示

— 63 —

续表 A.0.3

编号	要素名称	图式符号 1:500	图式符号 1:1000	图式符号 1:2000	几何类型	备注
2.1.8	棚房	棚	棚	棚	面	简单结构的或残破的均免测。一般结构的,如其面积过小(1:500为10 m²,1:1000为20 m²,1:2000为50 m²可不表示。符号线可取角平分线表示
2.1.9	架空房屋	砼3	3		面	
2.1.10	廊房				面	
2.1.11	悬空通廊				面	
2.1.12	门牌号				点	
2.1.13	兴趣点				点	
2.1.14	建筑物测高				点	
2.2	**其他房屋**					
2.2.1	地面上窨洞 A				面	A—依比例尺(以下同),即依比例尺地面上窨洞

续表 A.0.3

编号	要素名称	图式符号			几何类型	备注
		1:500	1:1 000	1:2 000		
2.2.2	地面上窑洞(房屋式)				面	
2.2.3	地面上窑洞B				点	B—不依比例尺(以下同);即不依比例尺地面上窑洞
2.2.4	地面下的窑洞A				面	
2.2.5	地面下的窑洞B				点	
2.2.6	蒙古包A(500)				面	

— 65 —

编号	要素名称	图式符号			几何类型	备注
		1:500	1:1000	1:2000		
2.2.7	蒙古包 B(2 000)		4.0 1.6		点	
2.2.8	地下构(建筑物)			不表示	面	不注结构,注"地下室",注记靠底线
2.3	**建筑物附属设施**					
2.3.1	无墙壁的柱廊				线	花架也用此符号
2.3.2	一边有墙壁的柱廊				线	
2.3.3	门廊				线	有落地柱脚的凉台亦属。按外围测绘,支柱实测
2.3.4	檐廊、飘楼				线	飘楼用外实内虚形式表示

续表 A.0.3

编号	要素名称	图式符号			几何类型	备注
		1:500	1:1000	1:2000		
2.3.5	天井		天井		面	
2.3.6	阳台				线	
2.3.7	建筑物下通道				线	
2.3.8	台阶(平行)				线	台阶包括平台、踏步及其混合体,也包括阶梯;实测级面范围。大型或不易识别的平台注以"台"字;临时、简陋、狭小的(图上宽度小于4mm或长度小于6mm)免测。数字为打点的顺序号
2.3.9	台阶(垂直)				线	同上

— 67 —

编号	要素名称	图式符号			几何类型	备注
		1:500　　1:1000		1:2000		
2.3.10	室外楼梯	砼8		不表示	线	单排直上有数层而无落地支柱者，只表示一层；双层往返在外边者，如实反映；支柱在中间者，可只表示房间的单排；室外自动扶梯也按此图式表示，并标注"自动扶梯"
2.3.11	建筑物上下坡道边线	→		不表示	线	
2.3.12	地下建筑物的天窗 A			不表示	面	主要指单独而不依附其他建筑的，简陋的可免侧。房屋下面的地下室可免绘天窗符号
2.3.13	地下建筑物的天窗 A（半依比例）	2.0　　4.2		不表示	线	
2.3.14	地下建筑物的天窗 B	1.4		不表示	点	
2.3.15	地下建筑物的其他通风口 A	⊘		不表示	面	

续表A.0.3

编号	要素名称	图式符号			几何类型	备注
		1:500	1:1000	1:2000		
2.3.16	地下建筑物的其他通风口B		2.6 ⊘ 1.6	不表示	点	
2.3.17	院门				线	
2.3.18	有门房的院门				线	短斜线绘在单位或居民院落的里侧
2.3.19	门墩A				面	
2.3.20	门墩B		1.0 1.0		点	1:500、1:1000图上门墩小于1.0mm×1.0mm及1:2000图上的门墩按此符号绘示
2.3.21	门顶				面	
2.3.22	支柱、墩A				面	

续表 A. 0. 3

编号	要素名称	图式符号 1:500	图式符号 1:1000	图式符号 1:2000	几何类型	备注
2.3.23	支柱、墩（虚线）A				面	
2.3.24	方支柱、墩 B				点	
2.3.25	圆支柱、墩 B				点	
2.4	**垣栅**					
2.4.1	长城或砖石城墙				线	
2.4.2	城基另一侧实线				线	
2.4.3	城楼				面	
2.4.4	城门				线	
2.4.5	破坏的城墙				线	

续表A. 0. 3

编号	要素名称	图式符号			几何类型	备注
		1 : 500	1 : 1 000	1 : 2 000		
2. 4. 6	土城墙				线	
2. 4. 7	土城墙的城门				线	
2. 4. 8	土城墙的豁口				线	
2. 4. 9	砖石围墙 A				线	1：500 和 1：1 000 测图按"依比例尺的"绘示";实测骨架线,围墙宽度依实表示
2. 4. 10	砖石围墙 B				线	用于 1：2 000
2. 4. 11	带加固坎的围墙 A				线	实测骨架线,围墙宽度手工输入
2. 4. 12	带加固坎的围墙 B				线	实测骨架线,围墙宽度手工输入
2. 4. 13	土围墙 A				线	实测骨架线,围墙宽度手工输入

续表 A.0.3

编号	要素名称	图式符号 1:500	图式符号 1:1000	图式符号 1:2000	几何类型	备注
2.4.14	土围墙 B				线	用于 1:2 000
2.4.15	栅栏、栏杆	1.0	10.0		线	起境界作用的需测绘，有基座的实测外围；隔离道路和保护绿化的可免测；基座平均高于地面 0.5 m 的按围墙表示
2.4.16	竹、木篱笆	8.0	2.0		线	起境界作用的需测绘；隔离道路和保护绿化的可免测
2.4.17	活树篱笆	6.0 1.0 0.6			线	同上
2.4.18	铁丝网、电网	8.0	2.0		线	同上
2.5	注记					
2.5.1	省、市政府驻地	市人民政府			点/线	方正中等线简体 7.5

— 72 —

续表 A.0.3

编号	要素名称	图式符号			几何类型	备注
		1：500	1：1 000	1：2 000		
2.5.2	区政府驻地	长宁区人民政府			点/线	方正中等简体 6.0
2.5.3	镇(街道)政府驻地	高桥镇人民政府			点/线	方正中等线简体 5.5
2.5.4	行政村名称	远洋村			点/线	方正细等线简体 4.5
2.5.5	自然村(居民地)名称,公园、小区等	北兴村			点/线	方正细等线简体 4.0(3.5)
2.5.6	政府机关	市民政局			点/线	方正中等简体 5.0(1：500 比例尺) 3.5(1：2 000 比例尺)
2.5.7	企业、事业、厂矿单位名称(4.0)	市测绘院			点/线	方正细等线简体 4.0(1：500 比例尺) 3.0(1：2 000 比例尺)
2.5.8	企业、事业、厂矿单位名称(3.0)	拖拉机厂			点/线	方正细等线简体 3.0(1：500 比例尺) 2.5(1：2 000 比例尺)

续表 A.0.3

编号	要素名称	图式符号 1:500	1:1000	1:2000	几何类型	备注
2.5.9	建筑、公园、小区名称(3.5)	星光老年之家			点/线	方正细等线简体3.5
2.5.10	建筑、公园、小区名称(3.0)	先丰度假村			点/线	方正细等线简体3.0
2.5.11	建筑、公园、小区名称(2.5)	农家乐			点/线	方正细等线简体2.5
2.5.12	房屋性质注记	建			点	方正细等线简体2.0
2.5.13	门牌号	68			点	方正中等线简体1.4
2.5.14	房屋结构注记	砼2			点/线	方正细等线简体 3.0(1:500比例尺) 2.0(1:2000比例尺)
2.5.15	栋号、楼号	68			点	方正细等线简体2.0
2.5.16	城市规划注记	注记			点/线	方正细等线简体2.5
2.5.17	居民地注记(规范)	注记			点/线	方正细等线简体2.5
3	工矿(构)筑物及其他设施					
3.1	矿井、勘探设施					
3.1.1	钻孔	2.5 ⊙⁼0.8			点	

续表A.0.3

编号	要素名称	图式符号			几何类型	备注
		1:500	1:1000	1:2000		
3.1.2	探井B		2.0 / 3.0		点	
3.1.3	探井A				面	汽车检修槽亦用此符号表示,并加注"车"字
3.1.4	探槽				线	
3.1.5	开采的竖井井口A		或		面	
3.1.6	开采的竖井井口B(圆)		3.8 / 2.4		点	
3.1.7	开采的竖井井口B(方)		3.8 / 2.4		点	

续表A.0.3

编号	要素名称	图式符号			几何类型	备注
		1:500	1:1000	1:2000		
3.1.8	开采的斜井井口A				线	
3.1.9	开采的斜井井口B				点	
3.1.10	开采的平硐洞口A				面	
3.1.11	开采的平硐洞口B				点	
3.1.12	开采的小矿井				点	另附注记,如:磷、煤、铜
3.1.13	井通风方向箭头				点	

续表A.0.3

编号	要素名称	图式符号 1:500	1:1000	1:2000	几何类型	备注
3.1.14	废弃的竖井井口 A				面	中间"单点符号"由面状符号自动生成
3.1.15	废弃的竖井井口 B(圆)				点	
3.1.16	废弃的竖井井口 B(方)				点	
3.1.17	废弃的斜井井口 A				线	
3.1.18	废弃的斜井井口 B				点	

续表A.0.3

编号	要素名称	图式符号 1:500	1:1 000	1:2 000	几何类型	备注
3.1.19	废弃的平硐洞口A				线	
3.1.20	废弃的平硐洞口B				点	
3.1.21	废弃的小矿井				点	
3.1.22	盐井				点	
3.1.23	管道井(油、气井)				点	另附注记，如:油
3.1.24	海上平台				面	

续表A.0.3

编号	要素名称	图式符号 1:500	图式符号 1:1000	图式符号 1:2000	几何类型	备注
3.1.25	露天采掘场围线				线	
3.1.26	露天采掘场陡坎				线	
3.1.27	露天采掘场斜坡				线	
3.1.28	露天采掘场面				面	
3.2	**工业设施**					
3.2.1	起重机		0.5∷ 3.6 1.2		点	
3.2.2	起重机轨道				线	
3.2.3	龙门吊				线	
3.2.4	天吊				线	天吊四角的柱架依其外角测绘；天吊的一边或两边有搁在其他建筑物的立柱上的,加绘角上的柱架符号

续表A.0.3

编号	要素名称	图式符号			几何类型	备注
		1:500	1:1000	1:2000		
3.2.5	传送带A(架空的)				线	支柱大于符号时按底脚实测绘示
3.2.6	架空的传送带支柱	1.0		1.6	点	
3.2.7	传送带A(地面上的)				线	
3.2.8	传送带A(地面下的)				线	
3.2.9	装卸漏斗(斗在中间的)	漏斗	漏斗	漏斗	线	漏口实测
3.2.10	装卸漏斗(斗在一侧的)	漏斗	漏斗	漏斗	线	漏口实测
3.2.11	装卸漏斗(斗在墙边的)	3.0 2.0			点	
3.2.12	装卸漏斗(斗在坑内的)				线	漏口实测
3.2.13	滑槽(左)				线	造船厂内的铁轨滑槽(有的称船排)铁轨实测,并注"滑轨"

— 80 —

续表A.0.3

编号	要素名称	图式符号 1:500	1:1000	1:2000	几何类型	备注
3.2.14	滑槽(右)				线	造船厂内的铁轨滑槽(有的称船排)铁轨实测,并注"滑轨"
3.2.15	滑槽(面)				面	
3.2.16	塔形建筑物 A				面	加注散热、伞、蒸馏、瞭;单独的消防楼按瞭望塔测绘
3.2.17	塔形建筑物 B		3.6 1.6 瞭		点	
3.2.18	水塔 A				面	低矮、简陋的或附在房屋上的可不表示;架空水塔实测支柱外角,实线相连
3.2.19	水塔 B		2.0 3.0 1.0 1.2		点	

続表A.0.3

编号	要素名称	图式符号			几何类型	备注
		1:500	1:1000	1:2000		
3.2.20	水塔烟囱 A				面	
3.2.21	水塔烟囱 B		0.6⁝⁝3.6 2.0		点	
3.2.22	烟囱 A				面	简单、过小或居民生活用的不表示
3.2.23	烟囱 B		3.6 2.0		点	
3.2.24	烟道 A				线	
3.2.25	架空烟道 A				线	
3.2.26	架空烟道 B				线	

续表 A.0.3

编号	要素名称	图式符号			几何类型	备注
		1：500	1：1 000	1：2 000		
3.2.27	烟道支柱				点	
3.2.28	放空火柜				点	
3.2.29	液、气贮存设备 A				面	
3.2.30	液、气贮存设备 B				点	
3.2.31	露天设备 A				面	
3.2.32	露天设备 B				点	
3.2.33	毗连成群的露天设备范围线（点线）				面	

续表A.0.3

编号	要素名称	图式符号 1:500	1:1 000	1:2 000	几何类型	备注
3.3	**农业设施**					
3.3.1	粮仓A				面	专名表示,如粮、棉、麻;临时性或简陋的可不测绘
3.3.2	粮仓B				点	
3.3.3	粮仓群				面	
3.3.4	风车A				面	
3.3.5	风车B				点	
3.3.6	水磨房、水车A				面	
3.3.7	水磨房、水车B				点	

续表A.0.3

编号	要素名称	图式符号 1:500	图式符号 1:1 000	图式符号 1:2 000	几何类型	备注
3.3.8	抽水机站、水轮泵、扬水站A		◎		面	无固定建筑或临时性的不表示，建筑物在图上小于符号的只绘符号
3.3.9	抽水机站、水轮泵、扬水站B		◎ 2.0 / 1.2		点	
3.3.10	打谷场		谷		面	指有铺面或固定范围的
3.3.11	饲养场		牲		面	大型的机械化饲养场等注记专名；建筑物密集的可外注或代表性注记；避免非牲口房与牲口房混淆
3.3.12	贮草场、贮煤场、水泥预制场		☐		面	
3.3.13	温室、大棚A		温		面	标注温、菜、花、果等
3.3.14	温室、大棚B		2.5 ⋈ 1.9		点	
3.3.15	低于地面的贮水池		水		面	测外沿，单线表示

续表A.0.3

编号	要素名称	图式符号			几何类型	备注
		1:500	1:1000	1:2000		
3.3.16	高于地面的贮水池		水		面	测外边,以示坡线表示
3.3.17	有盖的贮水池				面	
3.3.18	药浴池				点	
3.3.19	积肥池A				面	实地小于5 m的1:2 000不表示
3.3.20	积肥池B				点	
3.3.21	污水池		污		面	城市中的污水处理池等
3.4	**科学、文教、卫生、体育设施**					
3.4.1	气象站A				面	
3.4.2	气象站B				点	

续表A.0.3

编号	要素名称	图式符号 1:500	1:1000	1:2000	几何类型	备注
3.4.3	地震台 A				面	
3.4.4	地震台 B				点	
3.4.5	天文台 A				面	
3.4.6	天文台 B				点	
3.4.7	雷达站地面接收站 A				面	
3.4.8	雷达站地面接收站 B				点	
3.4.9	卫星地面接收站 A				面	

编号	要素名称	图式符号 1:500	图式符号 1:1000	图式符号 1:2000	几何类型	备注
3.4.10	卫星地面接收站 B		3.6 3.6		点	
3.4.11	射电望远镜接收站 A				面	
3.4.12	射电望远镜接收站 B		3.6 2.0		点	
3.4.13	科学实验站 A				面	
3.4.14	科学实验站 B		3.6 2.0		点	

续表A.0.3

编号	要素名称	图式符号 1:500	图式符号 1:1 000	图式符号 1:2 000	几何类型	备注
3.4.15	环保监测站A				面	
3.4.16	环保监测站B		2.8 ⫶ 3.8		点	
3.4.17	水文站A				面	
3.4.18	水文站B		2.6 ⫶ 1.0		点	两点定位；依附在建（构）筑物、围墙或图上长度小于10 mm的可免测
3.4.19	宣传橱窗、广告牌A				线	
3.4.20	宣传橱窗、广告牌B		3.0 ⫶		点	单注的实测支柱中心，符号表示
3.4.21	宣传橱窗、广告牌范围线		宣		面	

续表A.0.3

编号	要素名称	图式符号			几何类型	备注
		1：500	1：1 000	1：2 000		
3.4.22	学校		文 3.0		点	
3.4.23	医疗点		⊕ 3.0 2.6		点	在1：2 000地形图上，当轮廓线内不能容纳文字注记时，用此符号表示
3.4.24	有看台的露天体育场				面	小型运动场亦用此表示
3.4.25	有看台的露天体育场司令台				面	
3.4.26	有看台的露天体育场门洞				线	
3.4.27	无看台的露天体育场				面	
3.4.28	露天舞台、检阅台		台		面	
3.4.29	球场		球		面	
3.4.30	游泳池		泳		面	实测内边线

续表 A.0.3

编号	要素名称	图式符号			几何类型	备注
		1:500	1:1000	1:2000		
3.5	**公共设施**					
3.5.1	加油站A(露天)				面	营业性的注以名称;房屋内的加油柜不表示
3.5.2	加油站A(有雨罩)				面	
3.5.3	加油站B				点	
3.5.4	单臂路灯(右)				点	城市道路(高架道路除外)、公路、铁路、大型桥梁、广场、公园内的路灯均需测绘
3.5.5	单臂路灯(左)				点	
3.5.6	双臂路灯				点	

— 91 —

续表A.0.3

编号	要素名称	图式符号			几何类型	备注
		1:500	1:1000	1:2000		
3.5.7	杆式照射灯符号				点	临时、简陋的免测
3.5.8	桥式照射灯A 虚线				线	同上
3.5.9	桥式照射灯A 基塔				线	
3.5.10	桥式照射灯B				线	实测两点定位
3.5.11	塔式照射灯A				面	
3.5.12	塔式照射灯B				点	
3.5.13	喷水池A				面	
3.5.14	喷水池B				点	
3.5.15	平台				面	

续表A.0.3

编号	要素名称	图式符号 1:500	图式符号 1:1000	图式符号 1:2000	几何类型	备注
3.5.16	斜面台阶			▭	面	简陋或临时的可免测
3.5.17	斜面台阶方向	→	2.0 →⋯0.6		点	
3.5.18	假石山A		⟦▦⟧		面	
3.5.19	假石山B		4.0 ▲ 2.0 1.0		点	
3.5.20	厕所	厕	厕		面	只测绘公共厕所，单位内部的按一般房屋处理，不注"厕"字
3.5.21	垃圾台A			不表示	面	独立、正规的实测范围，中置符号，符号可破线，工矿企事业单位内部的免测
3.5.22	垃圾台B	1.6 2.4		不表示	点	
3.5.23	岗亭、岗楼A		🏛		面	挡单独的岗楼、岗亭，结构和层数免注；吊楼状的按吊楼测绘；普通传达室按相应建筑物表示
3.5.24	岗亭、岗楼B	2.5 2.0			点	

続表 A.0.3

編号	要素名称	图式符号			几何类型	备注
		1:500	1:1 000	1:2 000		
3.5.25	无线电杆,塔 A				面	
3.5.26	无线电杆,塔 B				点	
3.5.27	移动通信塔 A				面	
3.5.28	移动通信塔 B				点	
3.5.29	微波塔 A				面	
3.5.30	微波塔 B				点	
3.5.31	电视发射塔 A				面	
3.5.32	电视发射塔 B				点	

续表A.0.3

编号	要素名称	图式符号			几何类型	备注
		1:500	1:1000	1:2000		
3.5.33	避雷针				点	
3.5.34	邮筒				点	指固定建筑的邮筒，简陋、临时的或邮箱不表示
3.5.35	IC电话亭				点	
3.6	有纪念意义的建筑物					
3.6.1	纪念碑A				面	
3.6.2	纪念碑B				点	
3.6.3	碑、柱、墩A				面	有名称的应予以注记

续表 A. 0. 3

编号	要素名称	图式符号 1:500	图式符号 1:1000	图式符号 1:2000	几何类型	备注
3.6.4	碑、柱、墩 B				点	
3.6.5	塑像 A				面	
3.6.6	塑像 B				点	
3.6.7	旗杆 A				面	
3.6.8	旗杆 B				点	连排的可实测两端旗杆位置，中间可取舍绘示
3.6.9	牌坊、牌楼、彩门 A				线	有名称的应予以注记，横跨道路的标语式彩门不表示
3.6.10	牌坊、牌楼、彩门 B				点	

— 96 —

续表 A.0.3

编号	要素名称	图式符号 1:500	图式符号 1:1000	图式符号 1:2000	几何类型	备注
3.6.11	亭A				面	成群的亭实测范围
3.6.12	亭B				点	独柱的亭,实测柱位,用此符号表示
3.6.13	钟楼、城楼、鼓楼A				面	
3.6.14	钟楼、城楼、鼓楼B				点	
3.6.15	旧碉堡A				面	新建的掩体和暗堡表示
3.6.16	旧碉堡B				点	
3.6.17	烽火台				面	
3.6.18	宝塔、经塔A				面	

续表A.0.3

编号	要素名称	图式符号 1:500	图式符号 1:1000	图式符号 1:2000	几何类型	备注
3.6.19	宝塔 经塔B		(3.6, 1.2)		点	
3.6.20	庙宇A		(面符号)		面	
3.6.21	庙宇B		(3.2, 2.4)		点	
3.6.22	土地庙A		(面符号)		面	
3.6.23	土地庙B		(2.5, 1.6)		点	
3.6.24	教堂A		(面符号)		面	
3.6.25	教堂B		(3.2, 1.6)		点	

续表A.0.3

编号	要素名称	图式符号			几何类型	备注
		1：500	1：1 000	1：2 000		
3.6.26	清真寺A				面	
3.6.27	清真寺B				点	
3.6.28	散包,经堆A				面	
3.6.29	散包,经堆B				点	
3.6.30	防空洞口A				线	
3.6.31	防空洞口B				点	
3.7	**其他设施**					
3.7.1	地下建筑物地表出入口A				面	

— 99 —

续表 A.0.3

编号	要素名称	图式符号			几何类型	备注
		1：500	1：1 000	1：2 000		
3.7.2	地下建筑物地表出入口 B		Ⓐ 2.5 1.8		点	
3.7.3	地下建筑物地表出入口（有雨棚的）				面	
3.7.4	出入口标志		1.8 2.5		点	
3.7.5	地铁出入口 A		Ⓓ		面	
3.7.6	地铁出入口 B		3.0 1.8 Ⓓ		点	
3.7.7	地矿 A（露天）				面	

续表 A.0.3

编号	要素名称	图式符号			几何类型	备注
		1:500	1:1000	1:2000		
3.7.8	地磅A(有雨罩)				面	
3.7.9	地磅B				点	
3.7.10	有平台的露天货栈		货栈		面	
3.7.11	无平台的露天货栈		货栈		面	
3.7.12	窨符号				点	
3.7.13	堆式窨				面	实测底脚范围
3.7.14	台式窨、屋式窨				面	

续表 A.0.3

编号	要素名称	图式符号 1:500	1:1000	1:2000	几何类型	备注
3.7.15	独立坟 A				面	
3.7.16	独立坟 B				点	
3.7.17	散坟				点	
3.7.18	坟群				面	
3.7.19	公墓				面	
3.8	**注记**					
3.8.1	工矿设施注记		68		点/线	方正细等线简体 2.5
4	**交通及附属设施**					
4.1	**铁路**					
4.1.1	一般铁路				线	

— 102 —

续表A.0.3

编号	要素名称	图式符号			几何类型	备注
		1：500	1：1 000	1：2 000		
4.1.2	电气化铁路				线	
4.1.3	窄轨铁路				线	
4.1.4	地面上地铁				线	
4.1.5	地面下地铁				线	
4.1.6	城市轻轨				线	
4.1.7	电车轨道				线	
4.1.8	缆车轨道				线	
4.1.9	架空索道				线	
4.1.10	索道架				线	实测两点定位
4.1.11	索道柱				点	
4.1.12	建筑中的铁路				线	

续表A.0.3

编号	要素名称	图式符号 1:500	图式符号 1:1000	图式符号 1:2000	几何类型	备注
4.1.13	高速铁路				线	
4.1.14	磁悬浮				线	
4.1.15	简易轨道				线	
4.2	**火车站及附属设施**					
4.2.1	站台				面	站台实测范围，站台内坎线用路堤表示
4.2.2	站台雨棚				面	
4.2.3	站台支柱			不表示	点	
4.2.4	站台天桥				线	柱墩不表示
4.2.5	天桥的梯阶				线	
4.2.6	站台地道				线	地道通向示意绘示，虚线实部 2 mm，虚部 1 mm

续表 A.0.3

编号	要素名称	图式符号			几何类型	备注
		1：500	1：1 000	1：2 000		
4.2.7	地道的地表出入口 A		𝖠		线	
4.2.8	地道的地表出入口 B（双向）		◁▷		线	
4.2.9	地道的地表出入口 B（单向）		𝖠		点	
4.2.10	高柱色灯信号机		3.2□ 1.0		点	
4.2.11	矮柱色灯信号机	2.0□ 1.0	不表示		点	
4.2.12	电气化铁路电线架		←○→		点	
4.2.13	臂板信号机	1.6 1.0 ⊏ 3.0	3.2 ○ 1.0	不表示	点	
4.2.14	水鹤	▬	▬	▬	点	油鹤加"油"字
4.2.15	车挡				点	
4.2.16	转车盘 A		⊘		线	

— 105 —

续表 A.0.3

编号	要素名称	图式符号 1:500	图式符号 1:1000	图式符号 1:2000	几何类型	备注
4.2.17	转车盘 B		⊘		点	
4.3	**城市街道**					
4.3.1	城市主干道边线		——·0.35		线	
4.3.2	城市次干道边线		——0.25		线	
4.3.3	城市支道（一般街道）边线		——0.15		线	
4.4	**城市快速路**					
4.4.1	快速路边线		——0.4		线	
4.5	**高速公路**					
4.5.1	高速公路边线		——0.4		线	
4.5.2	高速公路的护栏		⊥○⊥		线	
4.5.3	建筑中的高速路边线		—— ——		线	
4.6	**国道**					
4.6.1	国道边线		——0.3		线	

— 106 —

续表 A.0.3

编号	要素名称	图式符号			几何类型	备注
		1:500	1:1000	1:2000		
4.6.2	国道路基				线	
4.7	**建筑中的国道**					
4.7.1	建筑中的国道边线		———	—— 0.3	线	
4.8	**省道**					
4.8.1	省道边线	———		—— 0.3	线	
4.8.2	省道路基	———			线	
4.9	**建筑中的省道**					
4.9.1	建筑中的省道边线	———		—— 0.3	线	
4.10	**县道**					
4.10.1	县道边线			┉┉ 0.2	线	
4.10.2	县道路基	┉┉		0.2	线	
4.11	**建筑中的县道**					
4.11.1	建筑中的县道边线	———		—— 0.2	线	

续表 A.0.3

编号	要素名称	图式符号			几何类型	备注
		1:500	1:1000	1:2000		
4.12	**乡道**					
4.12.1	乡道边线			—— 0.2	线	
4.12.2	乡道路基				线	
4.13	**建筑中的乡道**					
4.13.1	建筑中的乡道边线			—— **0.2**	线	
4.14	**专用公路**					
4.14.1	专用公路边线			—— **0.3**	线	
4.14.2	专用公路路基				线	
4.15	**建筑中的专用公路**					
4.15.1	建筑中的专用公路边线			—— **0.3**	线	
4.16	**匝道**					
4.16.1	等级道路匝道边线				线	
4.17	**引道**					
4.17.1	等级道路引道边线				线	

— 108 —

续表 A.0.3

编号	要素名称	图式符号 1:500	图式符号 1:1000	图式符号 1:2000	几何类型	备注
4.18	**乡村道路**					
4.18.1	大车路,机耕路虚线边		8.0	0.2	线	
4.18.2	大车路,机耕路实线边		2.0		线	
4.18.3	乡村路 A 虚线边		4.0	1.0	线	
4.18.4	乡村路 A 实线边				线	
4.18.5	乡村路 B	8.0	2.0	0.3	线	1:2 000 图上一律按此符号表示
4.18.6	小路	4.0	1.0	0.3	线	
4.18.7	内部道路	1.0	1.0		线	简陋的或不足 2 m 宽,以及局部通向房屋建筑的支路可免测
4.18.8	阶梯路(台阶实测)	1.0			线	
4.19	**高架道路**					
4.19.1	高架道路边线			0.4	线	

— 109 —

续表A.0.3

编号	要素名称	图式符号			几何类型	备注
		1:500	1:1000	1:2000		
4.19.2	高架路、桥支柱A		□		面	
4.19.3	高架路、桥支柱(虚线)A		⬚		面	
4.19.4	高架路、桥支柱B		1.0 ■		点	
4.19.5	高架路、桥支柱B		1.0 ○		点	
4.20	**道路分隔线**					
4.20.1	道路铺装地类界		....		线	指路面材料的范围线,如绿化隔离带边线
4.20.2	道路分界线		— ·— ·—		线	不同等级道路相接的分界处
4.21	**道路附属设施**					
4.21.1	涵洞A		[ ]		线	路堤等下面的涵洞按涵洞处理
4.21.2	涵洞B		>----<		线	
4.21.3	单向涵洞口A				线	

— 110 —

续表 A.0.3

编号	要素名称	图式符号			几何类型	备注
		1:500	1:1 000	1:2 000		
4.21.4	单向涵洞口 B				点	
4.21.5	隧道入口 A				线	
4.21.6	隧道入口 B				线	
4.21.7	汽车隧道 A				线	
4.21.8	汽车隧道 B				线	
4.21.9	火车隧道 A				线	
4.21.10	火车隧道 B				线	
4.21.11	已加固的路堑				线	
4.21.12	未加固的路堑				线	
4.21.13	已加固的路堤 A				线	
4.21.14	未加固的路堤 A				线	

续表A.0.3

编号	要素名称	图式符号			几何类型	备注
		1:500	1:1000	1:2000		
4.21.15	已加固的直堤B				线	
4.21.16	未加固的直堤B				线	
4.21.17	明峭				线	
4.21.18	中国零公路标志				点	
4.21.19	省市零公路标志				点	
4.21.20	里程碑				点	里程碑注由上海出发右边正面的公里数,正等线体,字大2 mm
4.21.21	坡度标				点	
4.21.22	路标				点	双柱的路标点位在中间,横跨道路的在道路两侧分别绘示
4.21.23	公交停车站				点	
4.21.24	红绿灯(车用)				点	
4.21.25	路牌				点	

续表A.0.3

编号	要素名称	图式符号			几何类型	备注
		1:500	1:1000	1:2000		
4.21.26	停车场				面	
4.21.27	停车场（不依比例）				点	
4.21.28	挡土墙				线	
4.21.29	有栏木的铁路平交道口				线	
4.21.30	无栏木的铁路平交道口				线	
4.21.31	公路收费站				面	
4.21.32	人行过街地道				线	
4.21.33	过街地道的地表出入口A				线	
4.21.34	过街地道的地表出入口B（单向）				点	
4.21.35	电车拉杆				点	指固定、单独的无轨电车空架电线拉杆。临时、简陋、附在其他电杆或建筑物上的可不表示，符号短直线指向路中

续表A.0.3

编号	要素名称	图式符号 1:500	图式符号 1:1000	图式符号 1:2000	几何类型	备注
4.22	**桥梁**					河中的桥墩可不表示
4.22.1	铁路桥				线	
4.22.2	铁路在上面的双层桥				线	
4.22.3	铁路在下面的双层桥				线	
4.22.4	有人行道的公路桥				线	
4.22.5	有输水槽的公路桥				线	
4.22.6	一般的公路桥				线	
4.22.7	公路立交桥				线	
4.22.8	并行桥				线	
4.22.9	路桥支柱A				面	包括铁路、公路、高架桥
4.22.10	路桥支柱B		=1.0		点	

续表A.0.3

编号	要素名称	图式符号			几何类型	备注
		1：500	1：1 000	1：2 000		
4.22.11	引桥				线	
4.22.12	人行桥 A				线	
4.22.13	人行桥 B				线	两点定位
4.22.14	级面桥 A				线	
4.22.15	级面桥 B				线	两点定位
4.22.16	缆索桥（依比例）				线	
4.22.17	缆索桥（半依比例）				线	
4.22.18	亭桥、廊桥				线	
4.22.19	过街天桥				线	整体测量，楼梯和天桥为一体，不需要分开

续表A.0.3

编号	要素名称	图式符号			几何类型	备注
		1 : 500	1 : 1 000	1 : 2 000		
4.22.20	天桥的梯阶				线	
4.23	**渡口和码头**					
4.23.1	火车渡				线	
4.23.2	汽车渡				线	
4.23.3	人渡				线	
4.23.4	漫水路面（半依比例）				线	
4.23.5	漫水路面				面	
4.23.6	徒涉场（汽车、行人）				线	
4.23.7	跳墩				线	
4.23.8	船缆柱				点	
4.23.9	过河缆				线	

续表A.0.3

编号	要素名称	图式符号 1:500	图式符号 1:1000	图式符号 1:2000	几何类型	备注
4.23.10	固定顺岸码头		□		面	
4.23.11	固定堤坝码头		□		面	
4.23.12	栈桥式码头		□		面	
4.23.13	浮码头		□		面	
4.23.14	浮码头跳板设施		▷◁		线	
4.23.15	起水闸船		──		线	
4.23.16	停泊场（锚地）		$4.4\frac{1.2}{}$		点	
4.23.17	水运港客运站		⊕		点	
4.24	**航行标志**					
4.24.1	灯塔 A		⊕		面	
4.24.2	灯塔 B		⚓		点	

— 117 —

续表 A.0.3

编号	要素名称	图式符号			几何类型	备注
		1:500	1:1000	1:2000		
4.24.3	灯桩				点	
4.24.4	灯船				点	可免测
4.24.5	浮标				点	
4.24.6	岸标				点	
4.24.7	系船浮筒				点	
4.24.8	过江管线标				点	
4.24.9	信号杆				点	
4.24.10	通航河段起止点				点	可不表示
4.25	**航行危险区**					
4.25.1	露出的沉船 A				面	

续表A.0.3

编号	要素名称	图式符号			几何类型	备注
		1:500	1:1 000	1:2 000		
4.25.2	露出的沉船B		2.0 □ ⌐ 4.0		点	
4.25.3	淹没的沉船A		⊕		面	
4.25.4	淹没的沉船B		2.0 □ ⌐ 4.0		点	
4.25.5	急流A		→		面	
4.25.6	急流B		←8.0↓		点	
4.25.7	旋涡A		◎		面	
4.25.8	旋涡B		◎ 3.0		点	
4.25.9	岸滩、水中滩(沙)				面	
4.25.10	岸滩、水中滩(石)				面	

续表A.0.3

编号	要素名称	图式符号 1:500	图式符号 1:1 000	图式符号 1:2 000	几何类型	备注
4.26	注记					
4.26.1	铁路、高速公路、快速路名称		宝城铁路		点/线	方正细等线简体 4.0
4.26.2	主要街道名、路名、桥梁名等		宝城铁路		点/线	方正细等线简体 3.5
4.26.3	次要街道名、路名、桥梁名等	凤丰东路			点/线	方正中线简体 6.0(1:500比例尺) 4.0(1:2000比例尺)
4.26.4	其他街道名、路名、桥梁名等	凤凰街			点/线	方正中线简体 5.0(1:500比例尺) 3.5(1:2000比例尺)
4.26.5	路面材料(3.0)		沥		点/线	方正细等线简体 3.0
4.26.6	路面材料(2.5)		沥		点/线	方正细等线简体 2.5
4.26.7	桥梁名称(3.0)		长江大桥		点/线	方正细等线简体 3.0
4.26.8	桥梁名称(2.0)		长江大桥		点/线	方正细等线简体 2.5
4.26.9	公路等级代码及编号(3.5)		G203		点/线	方正细等线简体 3.5

续表A.0.3

编号	要素名称	图式符号 1:500	图式符号 1:1000	图式符号 1:2000	几何类型	备注
4.26.10	公路等级代码及编号(3.0)		S203		点/线	方正细等线简体3.0
4.26.11	公路等级代码及编号(2.0)		S203		点/线	方正细等线简体2.5
4.26.12	交通注记(规范)		X203		点/线	方正细等线简体2.0
5	管线及附属设施					
5.1	电力线					
5.1.1	高压输电线(连线)				线	测电杆、铁塔,绘光芒线、电杆铁塔之间不连线
5.1.2	高压输电线(地下)				线	
5.1.3	高压输电线(不连线)				线	
5.1.4	输电线电缆标				点	
5.1.5	配电线(连线)				线	农村地区竹、木材料的或高度低于5m的电杆的配电线架空线全免测可免测;不明性质的新设电杆绘电杆符号

续表 A.0.3

编号	要素名称	图式符号			几何类型	备注
		1 : 500	1 : 1 000	1 : 2 000		
5.1.6	配电线(地下)				线	
5.1.7	配电线(不连线)				线	
5.1.8	配电线电缆标				点	
5.1.9	电杆				点	上面无架线的可不表示
5.1.10	电线架(单边)				线	
5.1.11	电线架(双边)				线	
5.1.12	高压输电线入地口		2.0 ↓↑ 2.0 ↓		点	
5.1.13	电线架上的电力线				线	电气化铁路、有轨、无轨电车亦用此符号表示(下同)
5.1.14	电线架上的电力线(B)				线	
5.1.15	电线塔(铁塔)A				线	1 : 2 000 图上高压铁塔大于符号尺寸的按实测绘
5.1.16	电线塔(铁塔)B				点	

续表A.0.3

编号	要素名称	图式符号 1:500	图式符号 1:1000	图式符号 1:2000	几何类型	备注
5.1.17	电线塔上的高压线				线	
5.1.18	电线塔上的高压线(B)				线	1:2 000 图上按此图式图式表示
5.1.19	双电线杆上的变压器				线	
5.1.20	单杆变压器				点	
5.1.21	石蹲上的变压器				点	
5.1.22	配电线入地口		2.0		点	
5.1.23	变电室(所)A				面	
5.1.24	变电室(所)B		1.0		点	
5.1.25	电力检修井孔				点	
5.1.26	电力箱				点	
5.2	**通信线**					

续表 A.0.3

编号	要素名称	图式符号 1:500	图式符号 1:1000	图式符号 1:2000	几何类型	备注
5.2.1	通信线（连线）				线	测电杆，绘光芒线，电杆之间不连线
5.2.2	通信线（地下）				线	由地下管线图表示
5.2.3	通信线（不连线）		4.0		线	
5.2.4	通信线电缆标				点	
5.2.5	通信线入地口		2.0		点	
5.2.6	电信人孔		2.0		点	
5.2.7	电信手孔		2.0		点	
5.2.8	电信箱				点	
5.2.9	双杆电信箱				线	
5.2.10	电缆沟				线	
5.2.11	暗沟				线	

续表 A.0.3

编号	要素名称	图式符号 1:500	图式符号 1:1 000	图式符号 1:2 000	几何类型	备注
5.2.12	管道					
5.2.13	地面上的油管道		10.0（符号）		线	"地面上"的管道是指设置在地面上、离开地面的高度小于 0.5 m 的管道；连线不中断，注记可压盖线
5.2.14	地面下的油管道		1.0 4.0（符号）		线	由地下综合管线图表示
5.2.15	架空的油管道 A		⊠		线	
5.2.16	架空的油管道 B		■		线	
5.2.17	有管堤的油管道		（符号）		线	
5.2.18	油管道出入地口		2.0		点	
5.2.19	架空管道架墩 A		⊠		线	
5.2.20	架空管道架墩 B		■		点	
5.2.21	地面上的天然气管道		10.0（符号）		线	由地下综合管线图表示
5.2.22	地面下的天然气管道		1.0 4.0（符号）		线	由地下综合管线图表示

续表A.0.3

编号	要素名称	图式符号 1:500	1:1 000	1:2 000	几何类型	备注
5.2.23	架空的天然气管道 A				线	
5.2.24	架空的天然气管道 B				线	
5.2.25	有管堤的天然气管道				线	
5.2.26	天然气管道出入地口		2.0		点	
5.2.27	地面上的水主管道		10.0		线	由地下综合管线图表示
5.2.28	地面下的水主管道		1.0 4.0		线	由地下综合管线图表示
5.2.29	架空的水主管道 A				线	
5.2.30	架空的水主管道 B				线	
5.2.31	有管堤的水主管道				线	
5.2.32	水主管道出入地口		2.0		点	
5.2.33	给水检修井孔				点	

续表A.0.3

编号	要素名称	图式符号 1:500	图式符号 1:1000	图式符号 1:2000	几何类型	备注
5.2.34	水龙头		2.0 ⊥ 3.6		点	指公众场所饮水、供水的龙头
5.2.35	消火栓		1.6 2.0⊖3.0		点	单位内部的可不表示
5.3	**其他附属设施**					
5.3.1	排水（雨水）检修井孔（方）		⊞		点	
5.3.2	排水（雨水）检修井孔（圆）		⊕2.0		点	
5.3.3	雨水篦子（方形）		2.0 1.0⊞		点	单位内部的可不表示
5.3.4	雨水篦子（圆形）		⊖2.0		点	
5.3.5	排水暗井		⊘2.0		点	不表示
5.3.6	燃气检修井孔		⊘		点	
5.3.7	热力检修井孔		⊕		点	

续表A.0.3

编号	要素名称	图式符号			几何类型	备注
		1:500	1:1000	1:2000		
5.3.8	工业、石油检修井孔		⊕┈2.0		点	
5.3.9	阀门		1.6┌○┐3.0		点	各种有砌框的地下管线阀门，均需测绘
5.3.10	不明用途检修井孔		○┈2.0		点	
5.3.11	下水道河边出入口		⊕		点	在岸边线外水域中的，按实际方向以虚线连接岸边，管径小于0.5m的免测
5.4	注记					
5.4.1	管线注记		热		点/线	方正细等线体2.5
6	水系及附属设施					
6.1	河流					
6.1.1	单线常年河水涯线				线	
6.1.2	双线常年河水涯线				线	

编号	要素名称	图式符号			几何类型	备注
		1:500	1:1000	1:2000		
6.1.3	双线常年河高水界线				线	
6.1.4	单线时令河		1.03.0		线	
6.1.5	双线时令河				线	
6.1.6	单线消失河段		1.6		线	
6.1.7	双线消失河段				线	
6.1.8	地下河段、渠段入口				线	
6.1.9	地下河段、渠段出口				线	
6.1.10	双线已明流路的地下河段、渠段				线	
6.1.11	单线已明流路的地下河段、渠段				线	
6.1.12	单线干涸河				线	

续表A.0.3

编号	要素名称	图式符号			几何类型	备注
		1:500	1:1000	1:2000		
6.1.13	双线干涸河				线	河床用相应的土质符号表示
6.2	**湖泊、池塘、水库**					
6.2.1	常年湖				面	
6.2.2	时令湖				面	
6.2.3	干涸湖（虚线）				线	湖内用相应的土质符号表示
6.2.4	干涸湖				面	
6.2.5	水库水涯线				线	
6.2.6	水库				面	
6.2.7	建筑中的水库				面	
6.2.8	溢洪道				线	
6.2.9	溢洪道面				面	

续表 A.0.3

编号	要素名称	图式符号			几何类型	备注
		1:500	1:1 000	1:2 000		
6.2.10	泄洪洞、出水口				线	
6.2.11	池塘				面	养殖类型在属性中记载，如鱼、虾、蟹等
6.2.12	池塘（带坎）				面	养殖类型在属性中记载，如鱼、虾、蟹等
6.3	**沟渠**					
6.3.1	运河范围线				线	
6.3.2	单线地面支渠				线	
6.3.3	单线高于地面支渠				线	
6.3.4	双线沟渠范围线				线	
6.3.5	双线沟渠中心线				线	
6.3.6	地下渠				线	出水口外框尺寸在0.5 m以下及废弃的不表示。需要表示时，只绘出水口，地下走向不表示
6.3.7	地下渠出水口				点	

续表A.0.3

编号	要素名称	图式符号 1:500	图式符号 1:1000	图式符号 1:2000	几何类型	备注
6.3.8	单线干沟		15 3.0 ‒ ‒ ‒ ‒ ‒‒0.3		线	
6.3.9	双线干沟		‒ ‒ ‒ ‒ ‒ 、 ‒ ‒ ‒ ‒		线	
6.4	水利及附属设施					
6.4.1	通车水闸 A		大		线	
6.4.2	通车水闸 B		2.4 45° 0.8 1.0 1.2		线	
6.4.3	不能通车水闸 A		1.0 大		线	
6.4.4	不能通车水闸 B		1.2		线	
6.4.5	能走人水闸 B		大		点	
6.4.6	不能走人水闸 B		2.0 1.2 人		点	

续表A.0.3

编号	要素名称	图式符号			几何类型	备注
		1:500	1:1 000	1:2 000		
6.4.7	水闸房屋		砼3		面	砼—房屋结构；3—房屋层数
6.4.8	通车船闸 A				线	
6.4.9	能走人船闸 B				点	
6.4.10	不能走人船闸 B				点	
6.4.11	滚水坝 A				线	坝宽可变
6.4.12	滚水坝 B				线	
6.4.13	拦水坝 A				线	
6.4.14	拦水坝 B				线	
6.4.15	干堤（斜坡式）				线	

— 133 —

续表A.0.3

编号	要素名称	图式符号 1:500	图式符号 1:1000	图式符号 1:2000	几何类型	备注
6.4.16	干堤（直立式）				线	
6.4.17	石垄式堤				线	
6.4.18	防洪墙（斜坡式）				线	
6.4.19	防洪墙（直立式）				线	
6.4.20	有栅栏加固岸（斜坡式）				线	
6.4.21	有栅栏加固岸（直立式）				线	
6.4.22	有栏杆防洪墙（斜坡式）				线	
6.4.23	有栏杆防洪墙（直立式）				线	
6.4.24	一般堤（直立式）				线	

续表 A.0.3

编号	要素名称	图式符号			几何类型	备注
		1:500	1:1 000	1:2 000		
6.4.25	一般堤（斜坡式）				线	
6.4.26	一般堤 B(土坝)				线	
6.4.27	一般加固岸（直立式）				线	
6.4.28	一般加固岸（斜坡式）				线	
6.4.29	不依比例加固堤				线	
6.4.30	输水渡槽 A				线	
6.4.31	输水槽柱 A				面	实测位置
6.4.32	输水槽柱 B				点	
6.4.33	输水渡槽 B				线	
6.4.34	输水隧道范围线				线	
6.4.35	倒虹吸槽				线	

续表A.0.3

编号	要素名称	图式符号 1:500	图式符号 1:1000	图式符号 1:2000	几何类型	备注
6.4.36	倒虹吸通道		------、[---□]		线	
6.5	**其他水系要素**					
6.5.1	水井A		⊕		面	选测居民地外围主要的水井
6.5.2	水井B		╫ 1.6		点	
6.5.3	机井A		⊕		面	房屋内的机井不表示
6.5.4	机井B		╫ 1.6		点	
6.5.5	地热井A		⌇		面	
6.5.6	地热井B		0.8 ⦟20° ⦟60° 2.5 [2.5]		点	
6.5.7	坎儿井		→╫ 1.0 4.0		点	

续表 A.0.3

编号	要素名称	图式符号 1:500	图式符号 1:1000	图式符号 1:2000	几何类型	备注
6.5.8	泉				点	
6.5.9	瀑布、跌水				线	5.0—落差
6.6	海洋要素					
6.6.1	海岸线				线	
6.6.2	干出线				线	
6.6.3	干出滩中河道				线	
6.6.4	潮水沟				线	
6.6.5	干出沙滩				面	
6.6.6	干出沙砾滩、砾石滩				面	范围线内以品字形填充

— 137 —

续表A.0.3

编号	要素名称	图式符号			几何类型	备注
		1:500	1:1 000	1:2 000		
6.6.7	干出沙泥滩				面	
6.6.8	干出淤泥滩				面	
6.6.9	干出岩石滩				线	
6.6.10	干出珊瑚滩				线	
6.6.11	干出贝类养殖滩				面	
6.6.12	贝类养殖滩符号B				点	
6.6.13	干出红树滩A				面	
6.6.14	红树滩B				点	
6.6.15	明礁A				面	
6.6.16	明礁B				点	

续表A.0.3

编号	要素名称	图式符号			几何类型	备注
		1:500	1:1 000	1:2 000		
6.6.17	干出礁A		干		面	
6.6.18	珊瑚礁				面	
6.6.19	干出礁B		$+^{-0.3}$		点	
6.6.20	适淹礁A		适		面	
6.6.21	适淹礁B		20		点	
6.6.22	暗礁A		暗		面	
6.6.23	暗礁B		$\top^{-0.3}$		点	
6.6.24	明礁丛礁				点	
6.6.25	暗礁丛礁				点	
6.6.26	干出丛礁				点	

续表A.0.3

编号	要素名称	图式符号 1:500	1:1000	1:2000	几何类型	备注
6.6.27	适淹礁丛礁		半半		点	
6.6.28	危险岸区				面	
6.6.29	危险岸				线	
6.6.30	危险海区				面	
6.6.31	危险海岸				线	
6.6.32	水产养殖场				面	
6.6.33	海岛、水中岛				面	
6.7	**流向**					
6.7.1	河流流向				点	
6.7.2	潮汐流向				点	

— 140 —

续表A.0.3

编号	要素名称	图式符号			几何类型	备注
		1:500	1:1000	1:2000		
6.7.3	往返沟渠流向		←→ 7.5		点	
6.7.4	单向沟渠流向		→		点	
6.8	**注记**					
6.8.1	主要水系名称(6.0)		黄浦江		点/线	左斜宋体 6.0(1:500比例尺) 5.0(1:2000比例尺)
6.8.2	次要水系名称(4.5)		乌蒙港		点/线	左斜宋体 5.0(1:500比例尺) 4.0(1:2000比例尺)
6.8.3	其他水系名称(3.0)		薗櫓		点/线	左斜宋体 4.0(1:500比例尺) 3.0(1:2000比例尺)
6.8.4	水系注记(规范)		注记		点/线	左斜方正细等线体 2.5
7	**境界与政区**					
7.1	**行政区划界**					
7.1.1	国界已定界		▬ ▪ ▬ ▪ ▬ 4.5 0.75		线	

续表A.0.3

编号	要素名称	图式符号 1:500	图式符号 1:1000	图式符号 1:2000	几何类型	备注
7.1.2	国界的界桩、界碑				点	
7.1.3	国界未定界				线	
7.1.4	省级行政区界线已定界				线	C—界标
7.1.5	省级行政区界线未定界				线	
7.1.6	省级行政区界标				点	
7.1.7	地级行政区界线已定界				线	
7.1.8	地级行政区界线未定界				线	
7.1.9	地级行政区界桩、界碑				点	
7.1.10	县级行政区界线已定界				线	
7.1.11	县级行政区界线未定界				线	

续表A.0.3

编号	要素名称	图式符号			几何类型	备注
		1:500	1:1000	1:2000		
7.1.12	县级行政区界桩、界碑	⊙	⊙		点	
7.1.13	乡、镇级行政区已定界	1.0	4.5	4.5 0.25	线	
7.1.14	乡、镇级行政区未定界	1.5 1.0	4.5	4.5 0.25	线	
7.1.15	乡、镇级界桩、界碑	⊙	⊙		点	
7.1.16	村界已定界	1.0 2.0	4.0	0.2	线	
7.1.17	村界未定界	1.0 2.0	4.0	0.2	线	
7.1.18	村界界桩、界碑	⊙	⊙		点	
7.2	**其他区域**					
7.2.1	特别行政区界线	3.5 1.0	4.5	0.5	线	
7.2.2	国有农场、林场、牧场界线	3.3 1.6			线	
7.2.3	开发区、保税区界线	0.8		0.2	线	

续表 A.0.3

编号	要素名称	图式符号			几何类型	备注
		1:500	1:1000	1:2000		
7.2.4	自然、文化保护区界线				线	
7.3	**注记**					
7.3.1	行政区说明注记	注记			点/线	方正细等线简体 2.5
8	**地貌和土质**					
8.1	**等高线、示坡线**					
8.1.1	首曲线		0.15		线	应闭合
8.1.2	计曲线		0.3		线	应闭合
8.1.3	间曲线		1.0 6.0 0.15		线	
8.1.4	示坡线		0.8		线	
8.1.5	助曲线		0.15		线	
8.1.6	水下首曲线		0.15		线	
8.1.7	水下计曲线		0.3		线	

续表A.0.3

编号	要素名称	图式符号 1:500	1:1000	1:2000	几何类型	备注
8.1.8	水下同曲线		—— 0.15		线	
8.2	**高程及其注记**					
8.2.1	地形地貌高程点		· 63.20		点	高程点要实地测设，不宜比，量求取，高程点点的位置应按规定点出。63.20—高程；1:500要求保留2位小数；1:1000/2000保留1位小数
8.2.2	独立地物的高程		· 63.20		点	独立性地物的高程，即为定点的高程
8.2.3	特殊高程点		⊙ 洪113.5 / 1986.6		点	洪113.5—点名；1986.6—高程
8.2.4	比高点		· 6		点	6—比高
8.2.5	海图注记法水深注记		₂5		点	
8.2.6	一般注记法水深注记		· 2.5		点	
8.2.7	水下高程点		·		点	
8.2.8	防洪墙标高点		· 63.20		点	

续表A.0.3

编号	要素名称	图式符号			几何类型	备注
		1:500	1:1000	1:2000		
8.2.9	道路标高点		· 63.20		点	
8.3	**崩塌残蚀地貌**					
8.3.1	沙、土的崩崖				面	
8.3.2	石崩崖				线	
8.3.3	土质的无滩陡岸				线	
8.3.4	石质的无滩陡岸				线	
8.3.5	土质的陡崖				线	
8.3.6	石质的陡崖				线	
8.3.7	陡石山				面	
8.3.8	露岩地				面	
8.3.9	冲沟				线	
8.3.10	滑坡（线）				线	

续表A.0.3

编号	要素名称	图式符号			几何类型	备注
		1：500	1：1 000	1：2 000		
8.3.11	沙质的干河床				面	干涸湖亦用此符号表示
8.3.12	沙石质的干河床				面	干涸湖亦用此符号表示
8.3.13	岩溶漏斗A				面	
8.3.14	岩溶漏斗B				点	
8.3.15	黄土漏斗A				面	
8.3.16	黄土漏斗B				点	
8.4	**人工地貌（坡、坎）**					
8.4.1	未加固的斜坡				线	斜坡范围实测，坡脚线点线标示；斜坡线长线3mm，短线1mm。加固的斜坡（坎）是指石砌、砖砌、预制板砌和打排桩、抛石块的斜坡、陡坎。面积大（超过坡面积或坎面积的1/2）而正规的，用此符号表示；局部或简陋的可不以此符号表示
8.4.2	已加固的斜坡				线	
8.4.3	未加固的陡坎				线	
8.4.4	加固的陡坎				线	

— 147 —

续表A.0.3

编号	要素名称	图式符号 1:500	图式符号 1:1 000	图式符号 1:2 000	几何类型	备注
8.4.5	梯田坎				线	
8.5	**其他地貌**					
8.5.1	山洞,溶洞 A				线	
8.5.2	山洞,溶洞 B				点	
8.5.3	独立石 A				面	
8.5.4	独立石 B				点	
8.5.5	石堆 A				面	
8.5.6	石堆 B				点	
8.5.7	石垄 A				面	
8.5.8	石垄 B				线	

— 148 —

续表A.0.3

编号	要素名称	图式符号			几何类型	备注
		1：500	1：1000	1：2000		
8.5.9	土垄		┼┼┼┼┼		线	
8.5.10	土堆 A				面	实测土堆顶标高
8.5.11	土堆 B		10 ≒2.0		点	
8.5.12	坑穴 A				线	实测坑、穴底标高
8.5.13	坑穴 B		⊙"2.5		点	
8.5.14	乱掘地范围线				面	
8.5.15	乱掘地陡坎				线	
8.5.16	地裂缝 A				面	
8.5.17	地裂缝 B		裂 0.5 0.15		点	
8.6	**注记**					
8.6.1	主要山名		凤凰山		点/线	方正细等线简体 4.5

— 149 —

续表A.0.3

编号	要素名称	图式符号			几何类型	备注
		1:500	1:1000	1:2000		
8.6.2	一般山名		凤凰山		点/线	方正细等线简体4.0
8.6.3	地貌注记(规范)		注记		点/线	方正细等线简体2.5
8.6.4	等高线高程注记		80.36		点	方正细等线简体1.6
9	**植被与土质**					
9.1	**耕地**					
9.1.1	稻田				面	
9.1.2	稻田符号				点	
9.1.3	旱地				面	
9.1.4	旱地符号				点	
9.1.5	水生作物地				面	

编号	要素名称	图式符号			几何类型	备注
		1∶500	1∶1 000	1∶2 000		
9. 1. 6	水生作物符号				点	指专门种植而不与其他作物作物轮作的；小块的自留菜地可不表示
9. 1. 7	菜地				面	
9. 1. 8	菜地符号				点	
9. 2	园地					园地夹种（指数量相差不大的）可并注，但不得超过3种，多于3种的舍去少量及次要的（兼种的）择主要；少量较少的注
9. 2. 1	果园				面	
9. 2. 2	果园符号				点	
9. 2. 3	桑园				面	

续表 A.0.3

编号	要素名称	图式符号			几何类型	备注
		1:500	1:1 000	1:2 000		
9.2.4	桑园符号		L⋮2.5 1.0		点	
9.2.5	桑园		Y Y Y		面	
9.2.6	茶园符号		Y⋮2.5 1.8		点	
9.2.7	橡胶园		ţ ţ		面	
9.2.8	橡胶园符号		b⋮2.5 1.0		点	
9.2.9	其他园地				面	
9.2.10	其他园地符号		T⋮2.5 1.0		点	
9.3	林地					
9.3.1	用材林地		o o o		面	

续表A.0.3

编号	要素名称	图式符号 1:500	图式符号 1:1 000	图式符号 1:2 000	几何类型	备注
9.3.2	防护林				面	
9.3.3	林地符号		○=1.6		点	
9.3.4	大面积的灌木林				面	小面积的(不大于图上 200 mm²)按独立灌木丛测绘并表示
9.3.5	独立灌木丛				点	
9.3.6	狭长灌木林 1				线	沿道路、沟渠分布较长的狭长灌木林
9.3.7	狭长灌木林 2				线	沿道路、沟渠分布较长的狭长灌木林
9.3.8	疏林				面	
9.3.9	疏林符号		Q=1.6		点	
9.3.10	幼林				面	
9.3.11	幼林符号				点	

续表A.0.3

编号	要素名称	图式符号			几何类型	备注
		1:500	1:1 000	1:2 000		
9.3.12	苗圃				面	大型苗圃必须注名称
9.3.13	苗圃符号		○∷1.0		点	
9.3.14	迹地				面	
9.3.15	迹地符号		2.0∷∷∥ $\frac{1.0}{∷}$∥ ·		点	
9.3.16	零星树木		○∷1.0		点	
9.3.17	阔叶树		Q		面	
9.3.18	阔叶独立树		2.0∷∥$\dot{Q}\frac{16}{10}$榕$\frac{1.5}{1.5}$		点	注记规格： 分子—植物种类； 分母—树径
9.3.19	特殊树阔叶		2.0∷∥$\dot{Q}\frac{16}{10}$榕$\frac{1.5}{1.5}$		点	注记规格： 分子—植物种类； 分母—树径

续表 A.0.3

编号	要素名称	图式符号			几何类型	备注
		1：500	1：1 000	1：2 000		
9.3.20	针叶树		┆◇┆		面	
9.3.21	针叶独立树		1.6 ◇ 榕 ┊┊ 1.0 1.5		点	注记规格： 分子—植物种类； 分母—树径
9.3.22	特殊树针叶		1.6 ◈ 榕 ┊┊ 1.0 1.5		点	注记规格： 分子—植物种类； 分母—树径
9.3.23	果树		┆Q┆		面	
9.3.24	果树独立树		1.6 Q 榕 ┊┊ 1.0 1.5		点	注记规格： 分子—植物种类； 分母—树径
9.3.25	特殊树果树		1.6 Q 榕 ┊┊ 1.0 1.5		点	注记规格： 分子—植物种类； 分母—树径
9.3.26	棕榈、椰子、槟榔树		┆人┆		面	

续表A.0.3

编号	要素名称	图式符号			几何类型	备注
		1:500	1:1 000	1:2 000		
9.3.27	棕榈、椰子、槟榔独立树		2.0 $\overset{棕}{\underset{1.0\ 1.5}{\times}}$		点	注记规格： 分子—植物种类； 分母—树径
9.3.28	特殊树棕榈、椰子、槟榔		2.0 $\overset{棕}{\underset{1.0\ 1.5}{\times}}$		点	注记规格： 分子—植物种类； 分母—树径
9.3.29	行树		$\overset{}{\underset{10.0}{\circ}}\ \overset{}{\underset{1.0}{\circ}}$		线	
9.3.30	大面积竹林				面	
9.3.31	独立竹丛		$\underset{2.0}{\overset{4.0}{丄}}$		点	小面积的（不大于图上200 mm²）按独立竹丛测绘并表示
9.3.32	狭长竹丛				线	
9.3.33	竹林符号		$\underset{2.0}{\overset{3.0}{ʌ}}$		点	
9.4	**草地**					

续表 A.0.3

编号	要素名称	图式符号			几何类型	备注
		1:500	1:1 000	1:2 000		
9.4.1	天然草地				面	
9.4.2	天然草地符号				点	
9.4.3	改良草地				面	
9.4.4	改良草地符号				点	
9.4.5	人工牧草地				面	
9.4.6	人工牧草地符号				点	
9.4.7	人工绿地				面	
9.4.8	绿地符号				点	
9.5	**其他植被**					
9.5.1	高草地				面	

续表A.0.3

编号	要素名称	图式符号			几何类型	备注
		1:500	1:1000	1:2000		
9.5.2	高草地符号		10 10··2.5		点	
9.5.3	荒草地				面	
9.5.4	荒草地符号		■		点	
9.5.5	半荒草地				面	
9.5.6	半荒草地符号		··0.6 1.6		点	
9.5.7	花圃、花坛				面	表示道路隔离带植被时,需指定是否绘制边线
9.5.8	高干地面花台		⊥		线	
9.5.9	花圃符号		⊥		点	
9.5.10	台田、条田		台田		面	
9.6	**地类界、防火带、土质**					

续表 A.0.3

编号	要素名称	图式符号			几何类型	备注
		1:500	1:1 000	1:2 000		
9.6.1	地类界				线	
9.6.2	田埂（线）				线	
9.6.3	防火带边线				线	
9.6.4	沙地				面	
9.6.5	沙砾地、戈壁滩				面	
9.6.6	盐碱地				面	
9.6.7	盐碱地符号				面	
9.6.8	小草丘地				面	
9.6.9	小草丘地符号				点	
9.6.10	龟裂地				面	

续表A.0.3

编号	要素名称	图式符号			几何类型	备注
		1:500	1:1 000	1:2 000		
9.6.11	龟裂地符号				点	
9.6.12	石块地				面	
9.6.13	石块地符号				点	
9.6.14	能通行的沼泽地			—	面	
9.6.15	能通行的沼泽地符号				点	
9.6.16	不能通行的沼泽地			—	面	
9.6.17	不能通行的沼泽地符号				点	
9.6.18	盐田、盐场		盐 田		面	
9.7	**注记**					
9.7.1	植被注记		藕		点/线	方正细等线简体2.5

本标准用词说明

1　为便于在执行本标准条文时区别对待，对要求严格程度不同的用词说明如下：

　　1）表示很严格，非这样做不可的用词：
　　　　正面词采用"必须"；
　　　　反面词采用"严禁"。

　　2）表示严格，在正常情况下均应这样做的用词：
　　　　正面词采用"应"；
　　　　反面词采用"不应"或"不得"。

　　3）表示允许稍有选择，在条件许可时首先应这样做的用词：
　　　　正面词采用"宜"；
　　　　反面词采用"不宜"。

　　4）表示有选择，在一定条件下可以这样做的用词，采用"可"。

2　条文中指明应该按其他标准、规范和规定执行的写法为"应按……执行"或"应符合……规定"。

引用标准名录

1 《国家基本比例尺地图图式　第1部分:1:500　1:1 000
1:2 000 地形图图式》GB/T 20257.1

2 《测绘成果质量检查与验收》GB/T 24356

3 《国家基本比例尺地图 1:500　1:1 000　1:2 000 地
形图》GB/T 33176

4 《全球定位系统实时动态测量(RTK)技术规范》CH/T 2009

5 《数字航空摄影测量控制测量规范》CH/T 3006

6 《城市测量规范》CJJ/T 8

7 《卫星定位城市测量技术标准》CJJ/T 73

8 《低空数字航空摄影规范》CH/Z 3005

9 《测绘成果质量检验标准》DG/TJ 08—2322

标准上一版编制单位及人员信息

DG/TJ 08—86—2010

主 编 单 位：上海市测绘院

主要起草人：郭容寰　赵　峰　康　明　程远达　姚顺福

　　　　　　毛炜青　姜朝芳　谢惠洪　毕　俊　刘德阳

　　　　　　杨常红　王传江　季善标　余美义　陈四平

　　　　　　张显峰　胡　勇

主要审查人：张晓沪　左　志　杨海荣　万　军　王智育

　　　　　　倪丽萍　于　野　杨　光

上海市工程建设规范

1：500 1：1 000 1：2 000
数字地形测绘标准

DG/TJ 08—86—2022
J 11696—2022

条 文 说 明

2024 上海

目　次

Contents

1 总　则

1.0.1　本条阐明修订本标准的目的。随着地理信息产业的发展，地形测绘的成果不仅要满足地形图的技术要求，而且应满足基础地理数据库的基本需要，本标准正是基于此考虑的。

1.0.2　本条说明本标准的适用范围。修订后，本标准扩大了适用范围，特别是新技术的采用使标准更富有生命力，将有利于推动上海地形测绘技术的进步和发展。工程地形图测绘也可参照本标准要求执行。

3 基本规定

3.0.1 本条明确要求测绘 1：500、1：1 000、1：2 000 地形图应采用与国家 CGCS2000 坐标系建立转换关系的上海 2000 坐标系和吴淞高程系。

3.0.2 本条总体介绍数字地形测绘的整个流程及其技术要求，明确规定了测前应收集分析的资料并实地踏勘，做好充分准备；然后编制技术设计书，形成合理的技术方案；在施测过程中应加强内、外业的质量控制，保证过程满足要求；工作结束后，编写技术总结，并及时检查验收组织成果检查验收；成果验收合格后，整理相关资料并归档，为相应基础地理数据及时更新、维护和应用做好准备。

3.0.5 测量仪器、计算机和软件系统保持良好状态是测量工作顺利进行的必备条件。因此，日常应加强对测量仪器的维护保养，定期进行校准和检校，确保其完好，以免影响测绘工作的顺利开展。

4 图幅分幅与编号

4.0.1 上海 2000 坐标系以市中心的国际饭店楼顶的旗杆中心为城市坐标系的坐标原点,通过该点的真子午线为纵坐标轴 X,通过该点与 X 轴垂直直线为横坐标轴 Y。按照左手原则,把整个市区分为Ⅰ、Ⅱ、Ⅲ、Ⅳ四个象限。

4.0.2 本条明确图幅编号的标识及数据文件的命名规则。

 1 阐明 1∶500 地形图图号的生成规则,按照 40 cm×50 cm 矩形分幅,即以Ⅰ、Ⅱ、Ⅲ、Ⅳ为象限标识、纵向编号、斜线和横向编号表示。

 2 明确 1∶500、1∶1 000、1∶2 000 地形图图号的相互关系。

 3 明确数字地形图数据文件的命名规则,从便于输入的角度以英文字母表示不同象限和比例尺地形图文件名;不足三位的以零填补全是为保持文件名长度的统一。

 地形图分幅与编号的对应关系如图 1 所示。

Ⅳ							乙		4								Ⅰ
									3								
									2								
	8	7	6	5	4	3	2	1	1	1	2	3	4	5	6	7	8
									1								
				甲					2								
									3						丙		
									4								
Ⅲ									5								Ⅱ

图 1　地形图分幅与编号的对应关系

甲图幅为 1：500 地形图，其图幅编号标识为Ⅲ2/4，数据文件名为 C002_004。

乙图幅为 1：1 000 地形图，其图幅编号标识为Ⅳ3-4/1-2，数据文件名为 H003_001。

丙图幅为 1：2 000 地形图，其图幅编号标识为Ⅱ1-4/5-8，数据文件名为 J001_005。

5 控制测量

5.1 一般规定

5.1.1 图根控制点可采用已有的城市各等级控制点,也可根据需要布设等级控制点,再布设图根控制点;对于高于图根精度的控制点,应参照本标准第3.0.3条规定的控制测量方式进行布设。

5.1.2 图根点的布设方式多样,采用GNSS方式布设时,宜首选SHCORS网络RTK。对于无法应用SHCORS布设的,可在城市等级控制点下进行加密。

5.1.3 图根点密度是根据各种比例尺测图的细部点测量最大长度来估算,推算出各种比例尺最少图根点个数。本标准表5.1.3的规定可以满足数据采集的要求。

5.2 图根平面控制测量

5.2.1 本条规定了图根平面控制点相对于邻近等级控制点的中误差。邻近等级控制点等级指高于图根控制点的测量控制点;测量可采用图根导线或GNSS方法进行施测。

5.2.2 图根导线测量

  3 导线全长相对闭合差 $1/T \leqslant 1/4\,000$ 的规定。

  根据导线闭合差 $1/T$ 与附合导线长度 L 有如下关系:

$$\frac{1}{T} = \frac{f}{L} = \frac{2KM_Z}{L} \tag{1}$$

式中:K——比例系数,取 $K = \sqrt{7}$;

M_Z——导线最弱点平差后的点位中误差,取 $M_Z = \pm 0.05$ m;

f——导线全长绝对闭合差,取 $f = \pm 2\sqrt{7} \times 0.05 = \pm 0.264$ m;

L——导线总长,$L = 900$ m。

代入式(1),得

$$\frac{1}{T} = \frac{1}{3\ 400} \approx \frac{1}{4\ 000}$$

故表 5.2.2 取导线全长相对闭合差不得大于 1/4 000。

5.2.3 图根 GNSS 静态控制测量

1 规定了采用 GNSS 静态方法测量图根控制的作业技术参照标准。即现行行业标准《卫星定位城市测量技术标准》CJJ/T 73 中二级 GNSS 静态测量的作业规定。

2 规定了图根 GNSS 静态观测与计算的具体要求。现行行业标准《卫星定位城市测量技术标准》CJJ/T 73 中没有具体规定图根级 GNSS 测量的技术要求,本标准规定了图根 GNSS 控制测量的精度要求为(20 mm+20 ppm·d)。

3 根据上海地区用静态 GNSS 进行图根控制测量的经验,当尺度因子绝对值大于 20 ppm,旋转因子绝对值大于 3″时,GNSS 观测和数据处理所采用的高等级控制点可能存在问题,必须分析产生问题的原因。

5.2.4 本条规定了用 GNSS RTK 技术进行图根平面控制点测量的方法及精度要求。单基站 RTK 测量误差与距离基站的距离成正比,且建构筑物会干扰或者影响电台信号的传播,而网络 RTK 相较单基站具有明显优势,且无需自身架设基站,并针对单个测区或者项目进行转换参数设置,故推荐优先使用网络 RTK。另外,通过大量的文献和实践证明,当测区位于网络 RTK 服务区外时,其精度无法得到保证,故规定必须在其有效服务区内测量。

3 采用单基站 GNSS RTK 方法测量时,应在不同的控制点上进行坐标校核,有助于及时发现转换参数设置差错等系统差。

4 对图根控制点的检核规定了不少于 3 点的要求,不应在测量完成后直接进行重复测量作为抽查数据,应与首测隔开一段时间后,进行重复测量。

5 GNSS RTK 测量的精度会受到各种因素的影响,如初始化过程中各种误差以及数据链传输过程中外界环境、电磁波干扰产生的误差的影响,可能导致整周模糊度解算不可靠。且 GNSS RTK 测设点间的相互独立,与传统测量的相邻点间相对关系应进行边长角度的几何关系的检测。

5.3 图根高程控制测量

5.3.1 本条规定了图根高程控制测量可采用传统的水准测量、三角高程或 GNSS 高程测量方法进行施测。

5.3.2 图根水准测量

2 图根水准点宜附合在 2 个或以上已知水准点上,这主要是考虑上海地区地面沉降量比较大,同时大规模的市政建设也影响了水准点的稳定性,为保证水准点成果的可靠性,图根水准路线宜附合在 2 个已知水准点上。当利用一个已知水准点布设闭合水准环时,则必须对该点与邻近水准点联测进行稳定性的检验。

4 根据现行行业标准《城市测量规范》CJJ/T 8,考虑图根高程点应留有一定的精度储备,水准路线中最弱点高程中误差取 ± 0.03 m。本标准表 5.3.2-1 列出了图根水准测量的技术要求:

路线长度 $L=8$ km

每千米高差中误差 $M_w=\pm 0.02$ m/ km

图根水准路线最弱点高程中误差 M_h 按下式计算:

$$M_h=\frac{1}{2}M_w\sqrt{L}=\pm\frac{1}{2}\times 0.02\times\sqrt{8}=\pm 0.028 \text{ m}$$

满足水准路线中最弱点高程中误差±0.03 m 的要求。

5.3.3 图根三角高程测量

2 图根三角高程测量精度估算

1）附合路线最弱点高程中误差的估算

单向观测三角高程测量计算两点间高差 h 的公式为

$$h = d\tan\alpha + (1-k)\frac{d^2}{2R} + i - v \tag{2}$$

式中：d——两点间的水平距离；

$\quad\alpha$——两点间的垂直角；

$\quad k$——大气垂直折光系数；

$\quad R$——地球平均曲率半径；

$\quad i$——仪器高；

$\quad v$——棱镜高。

根据误差理论，单向观测高差 h 的中误差 m_h 为

$$m_h^2 = (\tan\alpha \cdot m_d)^2 + \left(\frac{d}{\cos^2\alpha}\frac{m_\alpha}{\rho}\right)^2 + \left(\frac{d^2}{2R}\right)^2 m_k^2 + m_i^2 + m_v^2 \tag{3}$$

由式（2）可知，垂直角 α 的观测误差 m_α 对高差测定的影响与距离成正比，大气垂直折光系数 k 的误差 m_k 对高差测定的影响与距离的平方成正比，因此必须限制测距边的边长，保证垂直角观测的精度，并且采用对向观测，以削弱垂直折光系统误差的影响。

用 $m_\alpha = \pm20''$、$m_k = \pm0.05$、$m_d = \pm0.03$ m、$m_i = \pm0.005$ m、$m_v = \pm0.005$ m、$\alpha = 5°$、$d = 150$ m、$R = 6\,370\,000$ m、$\rho = 206\,265$ 代入式（3），得

$$m_h = \pm0.016 \text{ m}$$

根据现行行业标准《城市测量规范》CJJ/T 8 中三角高程测量对向观测的高差中误差 m_H 与单向观测的高差中误差 m_h 的关

系为

$$m_H = \pm \frac{1}{\sqrt{2}} m_h = \pm \frac{1}{\sqrt{2}} \times 0.016 = \pm 0.0113 \text{ m}$$

2）三角高程测量附合路线对向观测最弱点高程中误差 M_H 估算公式为

$$M_H = \pm \frac{1}{2} \times m_H \sqrt{n} \tag{4}$$

本标准规定,图根测距三角高程测量路线最大边数 $n=25$,代入式(4),得

$$M_H = \pm \frac{1}{2} \times 0.0113 \times \sqrt{25} = \pm 0.028 \text{ m}$$

满足水准路线中最弱点高程中误差 ± 0.030 m 的要求。

5.3.4 本条规定了用 GNSS 技术测定图根点高程的方法及技术要求。GNSS 测高为大地高,可采用 RTK 方法和静态 GNSS 方法,通过高程拟合法或似大地水准面法转换成正常高。

1 高程拟合法:适用于区域面积小、重力异常平缓地区,采用 GNSS 方法布设图根控制点,联测不低于四等水准的高程控制点,通过数学模型拟合的方法确定图根控制点的高程,联测高程点数不应少于 5 点,点位应在测区内均匀分布。拟合高程与已知高程差值不大于 5 cm,则拟合计算所得的成果可作为图根点高程。

似大地水准面法:首先利用 GNSS 技术获取待测点 WGS-84 大地坐标,然后根据城市区域似大地水准面模型计算出待测点的正常高。采用大地水准面精化获取的正常高时,不对已知点的校核做强制规定,但测区首次进场时,建议到已知点上进行校核。

4 GNSS 图根高程点应成对使用,避免单点闭合方式的不确定性,且在使用期间,进行相邻点检核,检核应采用几何水准方式或者三角高程。

6 地形测绘

6.1 一般规定

6.1.1 1∶500 地形图一般采用全站仪、GNSS RTK 测量方法和三维激光扫描测量方法;1∶1 000 地形图一般采用全站仪、GNSS RTK 测量方法和摄影测量方法;1∶2 000 地形图一般采用摄影测量方法,其中 1∶2 000 成图区域也可以采用 1∶500 或 1∶1 000 地形图缩编成图方法。

6.1.2 本条规定了采用全站仪、GNSS RTK 测量方法和三维激光扫描测量方法成图的地形图精度。施测困难的是指除极坐标法以外其他方法采集的地形、地物点。

6.1.4 本条规定了地形要素的分类与代码的执行标准。在上海市 1∶500、1∶1 000、1∶2 000 基础地理信息要素的分类与代码未出台前执行现行国家标准《基础地理信息要素分类与代码》GB/T 13923。

6.1.5 本条规定了地形图接边的方法以及精度要求,包括图幅接边和测区接边。

6.1.6 本条规定了提交的成果资料。

　　1　回放图是指将数字地形图符号化 DLG,打印输出成标准图幅的地形图,用于地形测图的外业用图。

　　2　提交的地形图形数据格式为.EDB 或者.dwg 格式。

6.2 地形图测绘内容

6.2.3 居民地及设施

　　1　建筑物

1） 规定砖(石)木结构的房屋只注层次,不注结构。这是基于上海市建筑物密集,砖木结构的房屋一般比较多,又比较小,注记结构后会增大图面负载又不美观,故不注结构。1∶2 000测图规定可只注层次,不注结构。

2） 建筑物的附属部分主要是指裙房、亭子间、晒台、阳台等,不应作为判别建筑物结构的对象。

3） 同一结构不同层次建筑物应以直线分开,如难以区分者,可依其主要的或大部分的层数注记,零星局部不易划分或划分后难以注记的,可并入主体。

2 建筑物附属设施

3） 天井的大小按不同的成图比例尺确定取舍标准,因为在1∶1 000或1∶2 000图中存在不注层次的房屋,因此应注记"天井"以示区别于不注层次的房屋。

6 工矿建(构)筑物及其他设施

3） 农田里的塑料大棚是指种植蔬菜的大棚,可不表示。

5） 照射灯:只测绘车站、码头、广场、机场等大型的照明装置,装饰性的免测。

6.2.4 交通及附属设施

2 铁路、公路桥在水中的桥墩免测。

5 其他道路

1） 大车路是指路基未经修筑或经简单修筑能通行大车并贯通于村镇、公路之间的道路。

2） 乡村路是指一般不能通行汽车或大型拖拉机,能通行小型拖拉机或板车、贯通于居民地之间的道路。

3） 小路是指乡村中供单人骑行走的道路。

4） 内部道路是指公园、工矿、机关、学校和居民小区等内部经过铺装、有正式路面或路边线明显的主要道路。

6 道路附属设施

1） 涵洞是指修筑于铁路、公路及其他通车道路和大型路堤下的过水构筑物;路堑是指铁路或公路上由人工挖成的低于两侧地面的路段;路堤是指铁路或公路上由人工修筑的高于两侧地面的路段;里程碑是指铁路或公路旁表示里程的标志;坡度表是指铁路、公路旁或堤上表示坡度的标志;路标是指表示道路通达情况的标志。

2) 汽车停车站是指郊区公路上无房屋建筑的汽车停车站点。

3) 铁路平交道口是指铁路与其他道路平面相交的路口。

4) 立体交叉路是指立体相交的铁路与公路。

7 桥梁

1) 铁路桥是指通行火车的桥梁;公路桥是指通行汽车的桥梁,能通行车辆的漫水桥、浮桥等桥梁亦属。

2) 人行桥是指不能通行大车、手扶拖拉机的桥梁;级面桥是指桥的两端有台阶的桥梁,不能通行车辆的拱桥亦属。

8 渡口和码头

1) 能载渡人、牲口和大车或轿车的渡口为行人渡口,能载渡汽车、火车的渡口为车辆渡口。

6.2.5 管线及附属设施

4 人行道上的下水检修井(窨井)可免测。

6.2.6 水系及附属设施

水系是江、河、湖、海、井、泉、水库、池塘、沟渠等自然和人工水体的总称。

1 水涯线是地面与水面相交的界线。上海地区的河流,由于涨落潮影响,地面与水面的交线不固定,为方便测绘,界定该界线为滩地上高程为 3 m 地形点的连线。除东海、杭州湾和长江外,其他河流不表示。

3 堤顶高出地面 0.5 m 以上的,按渠道测绘;堤顶高出地面小于 0.5 m 的,依水沟测绘。

4　其他水利设施

　　2）防波堤是指调整水流方向以防护港口、海湾或挡水护岸的堤坝。

　　3）防洪墙是指河流边沿人工修筑的墙体构筑物。高程应成对测注,但当墙体较高不能测高程时,只测墙底处的高程。

　　7）输水槽是指人工架设的引水渡槽。

　　8）倒吸虹是指渠道通过河流自水下穿过的水利设施。

5　其他陆地水系要素

　　1）水井是指有牢固井框和有铺面地坪的井。

　　2）陡岸是指岸坡比较陡峻,坡度在 70°以上的地段。陡岸分有滩陡岸和无滩陡岸,并分为土质和石质,应按图式相应符号表示。陡岸坡脚与水涯线之间有滩的称为有滩陡岸,河滩宽度在图上大于 3 mm 时,应填绘相应的土质符号,陡岸和水涯线实测表示;陡岸岸坡直接伸入水面的称为无滩陡岸,只测绘陡岸,水涯线不表示。

6.2.8　地貌

4　其他地貌

　　2）独立石是指高大独立的巨石和石块。

　　3）石堆是指在山坡或田野中由天然的岩石聚集、堆积在一起或人工堆砌累积形成的石堆。

　　4）土堆是指不能用等高线表示的土堆,以及海滩边的贝壳堆、固定的矿渣堆、垃圾堆等。

　　5）坑穴是指地表突然凹下部分,坑壁较陡,坑口有明显的边缘。

　　6）乱掘地是指无规则的乱掘沙、石、土的场地。

6.2.9　植被与土质

1　耕地

　　1）大面积稻田、棉花田等植被,可以不在图内标注植被符号,而在图外加说明注记。

2）水生经济作物地是指比较固定的水生经济作物种植地，如菱角、藕、茭白等种植地。

3）菜地是指专门种植而不与其他作物轮作的，小块的自留菜地可不表示。

2 园地是指种植果、桑、茶、甘蔗、麻类等多年生作物的地块。

3 林地

1）有林地是指密集的树木（两树冠间边缘的距离小于树冠直径两倍的）、生长成片的成林和幼林乔木林地，包括各种针叶林、阔叶林和经济林。排列较整齐的人工种植防护林带亦属于林地。如多种树种混合生长，比例相差不大时，可将各树种同时绘注；如某一树种占该林地面积80％以上时，即以这一树种绘示。

2）灌木林是指覆盖度大于40％的灌木（无明显主干的木本丛生植物）林地，以及沿公路、沟渠分布较长的狭长的灌木林。

3）苗圃是指固定的树木育苗地。

4）行树是指沿道路、河流等成行排列的树木。

5）独立树是指有良好方位作用和纪念意义的单棵树木，分阔叶、针叶、果树、棕榈等树种。

6）竹林是指各种竹子生长茂盛的林地。

4 草地是指草类生长比较茂盛、覆盖地面达50％以上的天然草地、改良草地和人工草地，不分草的高矮（包括夹杂与草类同高的灌木、疏林等）。

5 其他植被

2）花圃是指街道、道路旁（或道路中间）的绿化岛、花坛及厂矿、机关、学校等单位内的正规花圃及花坛。

6 地类界、防火带

1）地类界、地物范围线是指各类用地界线和各种地物分布范围线。

2）防火带是指森林、草原为防止火灾蔓延而开辟的空道。

6.2.10 注记

5 各种说明注记

1）名称说明注记

a）名称说明注记指街道一级及以上的政府机关（农村地区至村委会）、群众团体、大型商店、银行（注至分行级）、工矿企业、火车站、汽车站、轮船码头、仓库、邮电局所、各级学校、消防队、娱乐场所、卫生医疗机构、教堂、庙宇、祠堂墓园、名胜古迹、园林广场、农牧场、饲养场等单位机构，以及特殊地区名称和自然保护区名等。

6.3 全站仪、GNSS RTK 测量

6.3.1 测前准备

测图前的准备工作是地形测图的重要环节，是保证测图工作质量的基本要求，测前使用的仪器和工具必须进行校准和检校，以保持仪器的良好状态。

6.3.2 数据采集

1 野外采集数据使用的已知点坐标必须经校核无误。

2 碎部点的采集

3）极坐标方法一般采用全站仪，用"＋"保留用极坐标法测定碎部点的信息，可用于统计实测点数和以后修测时作为依据。

6）为确保采集数据的正确性，一个测站开始或结束时，必须进行坐标重合差检查。

6.4　三维激光扫描测量

6.4.1　测前准备

扫描前准备工作是三维激光扫描测图的重要环节,是保证合理化进行三维扫描仪测设的基本要求,测前使用的仪器和工具必须进行校准和检校,以保持仪器的良好状态。

6.4.2　点云精度及其对应控制

2　基站及控制测量参照现行行业标准《卫星定位城市测量技术标准》CJJ/T 73 以及《城市测量规范》CJJ/T 8 执行。

6.4.3　数据采集

1　建筑物的明显特征点亦可作为每一扫描站的标靶。

2　移动测量系统行进速度应根据仪器性能与点云精度进行计算获得,一般采用正文中描述的车速进行扫描。

6.4.6　野外调绘及修补测

野外调绘是对点云采集遗漏的地物地类以及点云无法反映的地物属性采集的工作,并且根据实地情况,对现场地形时效性进行更新的一项工作。

6.5　航空摄影测量

本标准中,航空摄影测量方法仅指采用航空数字摄影测量方法测绘地形。

6.5.2　本条规定了不同成图比例尺所对应的基准面地面分辨率的要求。

6.5.3　本条从区域网划分方案、区域网形状、区域性大小,规定了区域网划分应考虑的各方面因素。

6.5.9　本条规定了空中三角测量中影像预处理、相对定向、绝对定向与区域网平差等环节的要求。

6.5.10 立体测图法

6 数据采集。采用立体像对测绘等高线,立体像对的高程精度必须满足相关要求。如果是利用空中三角测量成果导入方式建立的立体像对,则空中三角测量要按平高区域网要求布网,即提高控制点密度,以满足高程精度。

6.5.11 数字综合法

1 像片纠正。纠正像元大小的确定除了满足本款规定外,在不影响精度的前提下,一般取标准图幅长宽的公约数,即满足每幅图的长宽像素个数是整数,以提高影像的套合精度。像素对齐是为了避免图框线落在像素上,而不是像素边缘。

6.6 地形数据收集整合

6.6.1 本条规定了地形数据收集整合的一般流程。

6.6.2 地形数据收集可收集各类型、各阶段涉及地形变化的数据,包括但不限于竣工测量数据、工程测量数据、地籍测量数据等。

6.6.3 地形数据整理

3 为保证地形数据的质量,应该对地形数据开展内、外业检查。

6.7 地形图缩编

6.7.1 本条规定了地形图缩编的比例尺要求。

6.7.2 本条规定了地形图缩编的方法。

6.7.3 本条规定了地形图测前准备内容和要求。

1:2 000 地形图缩编收集现势 1:500、1:1 000 地形图和往年 1:2 000 缩编地形图,作为工作底图。

6.7.4 本条规定了地形图缩编过程中要素取舍和精度要求。

采用缩编方法成图的主要内容,应符合 1：2 000 的成图
要求。

6.7.5 本条规定了地形图缩编的要求。

6.7.6 本条规定了地形图缩编的作业流程和方法。

6.8 数据编辑处理

6.8.1 本条规定了地形图数据编辑处理的基本要求。

4 数据编辑软件必须符合要素分类代码存储要求,并应具有地形图编辑、存储、转换、输出和制图表现等功能。

6.8.2 本条规定了地形要素的属性内容填写要求,包括高程点和注记。

6.8.3 本条规定了地形要素的几何类型和空间拓扑关系上的要求。

7 元数据

以图幅为单位记录与地形测量成果同时提交的元数据文件，为便于元数据库的建立及元数据信息发布，元数据文件格式可以按照基础地理数据库建设的要求进一步规范。

8 成果质量检查与验收

8.1 基本规定

8.1.1 本条所参照标准中未涉及的质量检查要求可在技术设计书中增补。

8.1.3 基础测绘，是指建立全国统一的测绘基准和测绘系统，进行基础航空摄影，获取基础地理信息的遥感资料，测制和更新国家基本比例尺地图、影像图和数字化产品，建立、更新基础地理信息系统[《中华人民共和国测绘法》(2017年修订版)]。

8.2 成果提交

8.2.1 本条规定检查验收时应提交的成果成图资料。有以下情况之一的，检查验收部门有权拒绝接收：

1 没有提交仪器检定/校准证书。

2 仪器检定/校准资料超期。

3 仪器经校准后主要技术指标超限。

国家暂无检定规程和校准规范，无法提交仪器检定/校准证书的仪器，应提交相关的自行比对或验证资料。